PUHUA BOOKS

我们一起解决问题

U0262139

# 习得安全感

[英] 罗娜·M. 菲尔（Rhona M. Fear）◎著

凌春秀◎译

*Attachment Theory*
*Working Towards*
*Learned Security*

人民邮电出版社

北　京

**图书在版编目（CIP）数据**

习得安全感 / （英）罗娜·M.菲尔（Rhona M. Fear）
著；凌春秀译. -- 北京：人民邮电出版社，2021.1
ISBN 978-7-115-55121-4

Ⅰ. ①习… Ⅱ. ①罗… ②凌… Ⅲ. ①安全心理学—
普及读物 Ⅳ. ①X911-49

中国版本图书馆CIP数据核字(2020)第203742号

## 内 容 提 要

从创始以来，依恋理论在各界得到广泛的研究与应用，并且在个人成长和心理治疗领域中格外显示出其蓬勃的生机与普遍的适应性。

本书作者将自己在心理实践工作中运用依恋理论的经验予以总结和提炼，结合自体心理学及主体间性理论，提出了"习得安全感"的概念，即那些童年期未能发展出安全型依恋的人，不论是经历了创伤事件，还是因为长期缺乏来自其主要照顾者稳定的关爱，在成年后他们都有机会发展出习得安全感，重建内心安全基地，摆脱不良关系模式。通过修正言语自我，不安全型依恋模式的人可以逐渐修正对自我的看法和态度，学会运用安全型依恋模式的人善于运用的各种弹性应对事件的方式。而情感对大脑的塑造，已经得到神经科学的验证。这也佐证了心理学实践中，个体运用一些方法可以实现自我成长或者经过心理治疗的个体可以充分发挥自身潜力这一现象。

本书适合心理学工作者、社会工作者、心理学爱好者、教师和家长阅读。

◆ 著　　　［英］罗娜·M. 菲尔（Rhona M. Fear）
　　译　　　凌春秀
　　责任编辑　柳小红
　　责任印制　彭志环

◆ 人民邮电出版社出版发行　　北京市丰台区成寿寺路 11 号
　　邮编 100164　　电子邮件 315@ptpress.com.cn
　　网址 https://www.ptpress.com.cn
　　北京九州迅驰传媒文化有限公司印刷

◆ 开本：700×1000　1/16
　　印张：17　　　　　　　　　　　2021 年 1 月第 1 版
　　字数：218 千字　　　　　　　　2024 年 12 月北京第 8 次印刷
　　　　　　著作权合同登记号　图字：01-2020-5575 号

定　价：69.00 元
读者服务热线：（010）81055656　印装质量热线：（010）81055316
反盗版热线：（010）81055315
广告经营许可证：京东市监广登字 20170147 号

谨以此书献给我的两个爱女。感谢大女儿路易丝·贝蒂（Louise Beattie），她不辞辛劳地帮我编辑了这本书及我的上一本书——该书由卡纳克出版社（Karnac）于 2015 年出版，主题是俄狄浦斯情结（Oedipus complex）。

感谢我的小女儿凯瑟琳·菲尔（Catherine Fear），在本书等待出版的这一年里，她给了我极大的精神支持。我对电脑不熟练，在整个工作过程中从她那里得到了巨大的帮助。

同时，我要感谢这些年里所有与我工作过的来访者。从他们每个人身上我都学到了很多，希望这种满意是相互的。特别感谢那些同意将他们的资料用于本书个案分析的来访者。

非常感谢来自赫里福德郡迪尔温的罗宾·哈里特（Robin Harriott），感谢他耗时费力地精心编辑这份手稿。对这个被他描述为"为婴儿接生"的过程，他倾注了大量心血。

之所以决定写这本书，是因为我越来越确信（尤其是最近几年），来访者心理组织中那些最重要的变化都源于治疗关系的治愈力量。在《俄狄浦斯情结：是解答还是解决》（*The Oedipus Complex: Solutions or Resolutions*）一书中，我详细地阐述了解决俄狄浦斯情结的方法，并逐渐意识到，正是通过移情的作用，来访者才得以实现关键性的变化。我现在依然相信这一观点的正确性。不过，我同样认为，那些现实关系的发展和成熟过程也非常重要。在本书中，我着重提出一个概念：心理治疗中来访者能发生的最重要的变化是他终于了解到，每当焦虑被唤起时，有一个能让他感到信赖、安心且长久存在的"安全基地"（secure base）可求助是一种什么样的感受。正是在这样的治疗体验中，来访者的心理组织发生了变化，然后他可以将这一习得的经验转移到与外部世界重要他人的关系中。接受长程治疗的来访者大都属于两种不安全型依恋模式：一种是不安全 - 矛盾型（insecure ambivalent），一种是不安全 - 回避型（insecure avoidant）。这是由于个体在童年时期遭遇了发展方面的问题——要么经历了创伤事件，要么长期缺乏来自其主要照顾者稳定的关爱。我要向大家介绍的疗法就以治愈这些发展缺陷带来的后果并帮助来访者改变不良关系模式为目的。

从我成为实习精神分析心理治疗师至今已经有 20 多年了，我很幸运在长程治疗中与多位来访者工作过。在此过程中，我逐渐摸索出了一种治疗模式，我相信这种模式能够最有效地促使来访者改变他们的依恋模式，让他们以一种安全型模式和他人交往。来访者的这种改变首先发生在咨询室，发生在来访者与我的关系中，然后他们可以将这种习得的经验应用到他们在外部世界的关系中。

我一直深受约翰·鲍尔比（John Bowlby）依恋理论的影响，自 1990 年他去世后，我也一直关注着其他人对鲍尔比依恋理论的发展。在广泛的阅读和研究中，我又被科胡特（Kohut）的自体心理学和史托罗楼（Stolorow）、布兰查夫特（Brandchaft）、阿特伍德（Atwood）提出的主体间性理论的元理论假设深深地吸引了。我尝试着逐步将这两种理论与依恋理论结合起来，发展出了"习得安全感"理论。

在 27 年的治疗师生涯中，能与几百位不同的来访者工作是我莫大的荣幸。我希望，来访者已经从我们以信任和可靠为基础的治疗关系中体会到，在共同工作的过程中，我一直努力把他们放在心上。得益于多年的临床经验，我摸索出了一种治疗方法，并坚信这种方法能使来访者产生一种拥有"安全基地"的感觉，而"安全基地"是其在此前的人生中从未体验过的。

本书分为五个部分。在第一部分中，我详细探讨了依恋理论，既包括其创始人约翰·鲍尔比的观点，也包括近年来其他人提出的观点。幸运的是，从鲍尔比时代开始，一群才华横溢的实践者和理论家就不断对依恋理论进行扩展与完善。在这一部分的第 4 章中，我介绍了"挣得安全感"（earned security）和"习得安全感"（learned security）的概念，这实际上是本书的核心所在。第二部分介绍了个体如何因创伤性经历而形成不安全依恋模式。第三部分是本书的核心目的所在，即对"习得安全感"理论的具体阐释。第 11 章解释了这一整合性理论的形成，第 12 章则提出了在咨询室的临床设置中，治疗师如何将该理论物尽其用。第 9 章和第 10 章介绍了在该整合理论中，除依恋理论以外的另外两个理论（即自体心理学和主体间性理论）的核心概念。第四部分呈现了四个案例报告，目的是让读者了解该理论是如何具体应用于咨询的。第五部分是对本书的整体总结，并对书中提出的所有观点进行了简要的概括。

非常感谢那些允许我在个案分析中使用其个人情况的来访者。同时感谢我有幸与之一同工作的其他众多来访者。要知道，在艰难的人生时刻，一个人需要莫大的勇气才会寻求长期心理治疗，这样的勇气总是令我深感震撼。

我对关系取向的精神分析流派在过去 20 年中的发展感到兴奋。从弗洛伊德理论中的决定论和还原论到对生活的复杂性和环境影响的认识，再到对依恋关系具有生物学意义的逐步认识，这一过程历经了范式上的转变。我发现，治疗中将依恋理论的核心原则与科胡特、史托罗楼、布兰查夫特和阿特伍德的理论结合运用时，治疗效果尤其显著。当来访者感到拥有一个"安全基地"，可以在情绪不稳或者经历创伤时折返此处补充能量并学会自我调节情绪时，他们就会获得一种"习得安全感"。

我知道，本书提出的观点可能会遭到一些人的反对，特别是那些认为神经症的诱因是内在心理冲突而非外在不良环境的人。然而，我并不是说内在心理冲突不是疾病的诱因，我认为答案是在这两极之间的某一个点上。我相信即使是在依恋理论流派内部，本书也可能会引起一些争论。但最重要的是，我希望本书能抛砖引玉，引发对约翰·鲍尔比留给我们的珍贵依恋理论概念的进一步的讨论。

在这篇序言的最后，我想具体解释一下写这本书时专门用到的几个词。对那些来到咨询室接受长程治疗并投入大量心力与物力的勇敢者，我一直在思考给他们一个合适的称谓。所以，我最后决定把这些人称为我的"来访者"，而不是我的"患者"。我一直对使用"患者"一词感到不舒服。这个词总是让我联想到医疗模式，我坚信它暗示了医患之间一种特殊的权力话语。另一方面，我真心认为，"来访者"这个词是在试图向被分析者提供一个希望，让他们有信心掌控自己的命运和治疗结果。

我用男性代词（他）指代来访者（除非我写的是特定的个体），用女性代词（她）指代治疗师。这只是我为了方便行文而使用的一种技巧，在现实中，这两种角色可能是任何性别。

同理，我在书中通常采用"治疗"（therapy）一词，而不是精神分析（psychoanalysis）或心理治疗（psychotherapy），尽管我认为这三个词在本书中完全可以根据语境互换使用。希望所有咨询师、心理治疗师和精神分析师对本书感兴趣。不过，正如我在第 4 章和第 12 章中明确指出的那样，并不是每个人都会对我讨论的"如何成为最佳治疗师"感兴趣。在旨在获得"习得安全感"的长程心理治疗中，由于这种疗法的性质，来访者有时会变得非常依赖，所以这种类型的治疗可能并不适合每个治疗师。

## Part 3　第三部分
## "习得安全感"的理论基础

Part **5**

第五部分
安全基地

在这本书中，我着重介绍了一种新的治疗模型，该模型在很大程度上是由约翰·鲍尔比和玛丽·安斯沃斯（Mary Ainsworth）所倡导的概念（20 世纪 40 年代到 90 年代鲍尔比去世期间）发展而来的。鲍尔比认为，在整个童年和青少年时期，孩子是否在身体和情感层面得到父母稳定持续的关爱至关重要，他的研究也支持了这一观点。在依恋理论的发展过程中，鲍尔比提出的一些开创性概念对心理治疗界的某些领域产生了深远的影响，其中就包括每个人都应该拥有一个"安全基地"这一具有先见之明的观点。

鲍尔比在世期间及其去世后的这些年里，依恋理论取得了长足的发展。例如，玛丽·安斯沃斯设计了"陌生情境测试"（strange situation test），它和"成人依恋访谈"（Adult Attachment Interview, AAI）一道使她在全世界的心理治疗领域内几乎无人不晓。还有一些心理学家立足于依恋理论，不断锐意进取，包括彼得·福纳吉（Peter Fonagy）、霍华德（Howard）、米里亚姆·斯蒂尔（Miriam Steele）、贝特曼（Bateman）、塔吉特（Target）、盖尔盖伊（Gergely）、艾伦（Allen）等人。其中，福纳吉等人提出了心智化（mentalization）的概念，并将其发展为一整套思想体系。在那些追随鲍尔比的脚步、立志将精神分析概念发扬光大的心理学家中，这样的例子还有很多。

随着心理治疗的关系模型在精神分析领域占据主导地位，近年来以依恋理论为基础的疗法有了更多的发展，也激发了更多争议，吸引了很多依恋理论拥趸者的兴趣。自 1989 年踏入心理治疗领域后，我就被依恋理论的元理论假设深深折服。我最初接受的咨询培训是在 "Relate"，那个时候，老师们传授的理论方法基本上属于折中派。我们的受训目标就是成为能识别不同理论模式并根据实际情况对其灵活运用的咨询师。具体而言，这就好像给每位咨询师随身配备了一个"工具箱"，在每次咨询中，咨询师根据实际情况取用最合适帮助来访者的工具，考虑是可以让一对夫妻重修旧好，还是只能帮助他们和平分手。不过，即使是在早期实践折中主义时，我也被约翰·鲍尔比的依恋理论所吸引。当然，我之所以会与它产生共鸣，很大程度上是因为我的个人经历，尽管当时我并没有意识到这一点。

或许是因早期受训经历和个人经历的双重作用，几年后，也就是 1997 年，我决定接受精神分析训练，专注于这个我认为在咨询室中最具感染力、最有临床疗效的理论取向。在 2004 年取得分析师资格后，我把工作重心转为专门对来访者做长程治疗。我逐渐摸索出一种旨在弥补来访者因早年创伤经历而导致的发展缺陷的工作方法，这种方法极大地鼓舞了我，也激发了我写本书的动力。希望读者能像我一样对本书中的观点充满热情，并希望它能激励其改变与来访者工作的方式。对另一些人而言，它可能不足以激励其改变整体工作方式，但我确实希望，它可以刺激大家的思维过程。还有些人不相信环境创伤会导致严重后果，他们可能会对本书中的观点持消极看法。再次重申，我并不认为导致神经症的因素中没有内在心理冲突，我只是认为，要解决"是什么引发了神经症"这一难题，就需要把外在环境影响和内在心理冲突都考虑进来。

自取得分析取向治疗师资格以来，我与许多遭受神经症折磨的来访者工作过，在此过程中，我逐渐意识到，当我们在心理治疗中帮助来访者寻求心理改变时，如果只是一味对移情和反移情追根究底，即使把精神分析式的解释用到极致，那也是远远不够的。作为一名成熟的治疗师，我已不再抱着理想主义的心态相信和期待完全的"治愈"。我们最多只能希望来访者能从治疗中学到点什么并学以致用，避免重复那些与过往经历有关的不良行为模式，能以更平和的心态去面对生活。作为一名治疗师，大家会慢慢认识到，当处于应激状态或置身于足以唤醒旧日记忆的情境中时，个体以往的习惯及思维和行为模式往往会不可避免地卷土重来。总而言之，在我看来，即使有了治疗师的帮助，要彻底根除个体的心理异常也是困难重重。

要彻底治愈一个来访者，治疗师可能力有不逮，那么，哪一种理论方法能最有效地帮助来访者恢复呢？经过一番苦苦思索后，我认为，如果我们要帮助来访者回归和普通人一样的正常生活，就要在咨询室中应用共情、接纳、真诚（卡尔·罗杰斯提出的以人为中心疗法的理论基础）等核心条件，它们具有不可估量的价值。对那些精神分析流派的忠实拥趸者而言，这样的说法可能就像"异端邪说"一样，但我相信，要建立和维持一段被来访者视为"安全基地"的治疗关系，治疗师是否运用这些核心条件是关键所在。

来访者经常会表现出一些与其人际关系有关的问题，这些问题可能涉及他们的重要恋情，也可能涉及他们与父母或其他亲人的关系，还有可能涉及与朋友或同事的交往。有了依恋理论提供的元理论为基础，我们就能找出与这些来访者最佳的合作方式。然而，不得不说，约翰·鲍尔比可能是一位理论的巨人，却不是一个久经考验的临床工作者。他一直将临床实践维持在很小的规模，而将大部分时间都留给塔维斯托克中心，一心扑在研究和学术上，对如何将理论付诸实践却兴趣不大。安斯沃斯等人（开发了"陌生情境测试")及乔治等人(开发了"成人依恋访谈")也是类似的情况。

我一直对学术和元理论基础感兴趣。在我看来,将治疗工作建立在理论基础上比单纯依靠五花八门的技术更有益,因为后者可能带有未经检验的偏见。我的硕士论文就是以不同理论取向的基本元理论假设和世界观为主题的,之后我还参与撰写并发表了一些关于心理咨询和心理治疗整合理论的学术论文和图书章节。在这 20 多年里,我一直密切关注与理论整合相关的争议。1996 年,我和一位同事联名发表了一篇文章,试图将华特尔(Wachtel)的循环心理动力学和依恋理论结合起来。这也表明,即使是在 20 年前,我就已经不相信依恋理论能单独为来访者提供最佳解决方案了。

现在我想探讨一下,该如何对共情、接纳和真诚的概念加以利用,使其成为对精神分析基本核心模式的有用补充。不过,与卡尔·罗杰斯不同的是,我不认为它们是改变的必要和充分条件。不知道读者是否了解卡尔·罗杰斯与其来访者格洛里亚(Gloria)之间的治疗会谈?那部令人叹为观止的纪录片 [详见由埃弗里特·肖斯特罗姆博士(Dr. Everett Shostrom)录制的《心理治疗的三种方法》(Three Approaches to Psychotherapy)] 详细展示了格洛里亚与来自不同理论派别的治疗师 [分别是阿尔伯特·艾利斯(Albert Ellis)、卡尔·罗杰斯和佛雷里克·皮尔斯(Fritz Perls)] 的治疗过程,如果读者熟悉这部影片,那应该记得,虽然格洛里亚认为卡尔·罗杰斯的谈话最具安抚和共情的力量,但并不认为仅凭这一点就能带来巨大的改变。

所以,在我看来,虽然这些核心条件很有帮助,但只有它们本身并不足够。由此我意识到,如果要帮助来访者获得领悟并实现心理改变,我们还需要掌握一些技巧,如适时的解释和对移情与反移情主动灵活的应用与解释,还要向来访者指出过去与现在之间的联系。除了这些技巧,我认为我们还需要具备精神分析理论的工作常识，并能将其应用到对来访者的分析中。不过，在对鲍尔比的依恋理论概念做进一步扩展的过程中，我逐渐认识到，在长程治疗中，治疗师应该致力于创设和培养出一种咨访关系，这种关系能让来访者"知道"拥有"安全基地"是什么感觉，并享受这种感觉带来的治愈体验。我相信，如果在治疗中采用我称之为"习得安全感"的理论，治疗师就可以帮助来访者从早年遭受的发展缺陷中恢复。来访者之所以来寻求心理治疗，往往是因为他缺乏一个"安全基地"，虽然他在治疗初期并没有形成这样的概念。出现在咨询室的来访者中，拥有安全依恋模式的人实在是凤毛麟角。原因很简单，如果个体拥有"安全基地"，即便其经受了和那些走进咨询室的来访者一样的人生苦难，他也能依靠自己的力量走出危机和困境，而无须向专业人士寻求帮助。

在我看来，那些确实需要我们帮助的人最需要的是真正体会到拥有一个"安全基地"的感觉，这样才能让他们获得足够的勇气和抗压力，在面对生活的困境时才能百折不挠并真正理解此番经历对人生的意义。有了治疗师提供的可供他们在逆境时依靠的"安全基地"，来访者不仅可以战胜那些当前面对的问题，还能获得一些有用的工具，并熟练地运用其来应对将来生活中可能遇到的任何难题。

正如之前所言，我认为，仅凭精神分析和心理动力学的解释并不足以提供"习得安全感"。对罗杰斯的那些核心条件我也持同样的观点。正是因为这种不足，所以我们有必要将一些以人为中心疗法的技巧和精神分析疗法的技巧整合起来加以运用。为此，我博采众长，借鉴了几种理论，包括史托罗楼等人的主体间性理论、科胡特的自体心理学理论及鲍尔比的依恋理论。在第 11 章中，我提出了以这三种理论为基础的整合性理论。此外，在描述如何将这一整合理论应用于治疗背景时，我还采纳了罗杰斯提出的三个核心条件（见第 12 章）。

为了实现理论上的整合，我们必须求助于更高层次的抽象概念。这是一个在各种理论中寻找共同的基本元理论假设和概念的问题。如果在我们选择要整合的多个理论背后存在一个共同的世界观，那对整合工作是很有帮助的。对世界观的分类有很多不同的看法，其中一个分类是由诺斯罗普·弗莱（Northrop Frye）在分析莎士比亚文学时提出的，随后由梅塞尔（Messer）、威诺克（Winokur）和谢弗（Shafer）将之运用到了精神分析理论中。弗莱认为，人们对现实世界的看法可以被分为四大类：悲剧性、喜剧性、浪漫性和讽刺性。虽然在对待生活时，这些世界观在方法上具有本质的不同，但其核心部分的元理论概念有一些重叠，如乐观主义 / 悲观主义；自我实现的可能性；积极 / 消极的生活态度；内在 / 外在控制点。

在分析史托罗楼、鲍尔比和科胡特等人的理论时，我发现，这三种理论在本质上都属于关系模型（而不是弗洛伊德理论中的驱力模型）。这三种理论都有一个共同的元理论假设，即现实生活中的各种关系具有至高无上的重要性。综合看来，它们的底色是悲剧性的世界观。简而言之，这些理论中包含这样的理念：并不是所有人都可以得到救赎，也不是一切缺陷都可以得到弥补。正如谢弗所说，它让人在胜利中看到失败，在失败中看到胜利；在快乐中看到痛苦，在痛苦中看到快乐；在明显正当的行为中看到罪行；在每个选择和每个方向的发展中看到错失的机会。

这三种理论都高度强调了"共情性调谐"（empathic attunement）的存在，也对发生在治疗师和来访者之间的移情所产生的治疗力量给予了应有的重视。在"习得安全感"理论中，我对"共情"这个概念赋予了一个特殊含义。我认为，主体间共情（intersubjective empathy）包括一种协调一致的体验，它指的是治疗师要适时、主动地向来访者确认，治疗师是否一直与他"保持同步"，以保证治疗师与来访者始终在同一频道上。我指的是一个共同构建的过程，在这个过程中，治疗师要积极主动地寻求来访者的反馈。

同样，我认为，在帮助来访者培养自传能力（autobiographical competence）时，我们也需要利用这种共同构建的过程。在"习得安全感"理论中，帮助来访者培养自传能力也是长程治疗最重要的基本目标。构成"习得安全感"理论的三种理论都聚焦于人际关系，不仅关注治疗师与来访者之间的"真实"关系和移情关系，也十分重视来访者外在世界中的现实关系。

我要感谢杰里米·霍姆斯（Jeremy Holmes）和其他人提出的"挣得安全感"（earned security）这一早期概念。在那些相信依恋理论的人中，这一概念已深入人心。然而，令我沮丧的是，除了霍姆斯和奥奇斯（Odgers）的书，我找不到更多专门研究如何让来访者从治疗师那里得到"挣得安全感"的著作。奥奇斯在自己的书中用三章呈现具体的案例，以事实说明来访者的"挣得安全感"是如何在咨询室的临床环境中逐渐浮出水面的。正是他们两位的著作让我下定决心去完成本书提到的理论整合。有没有一种综合了科胡特、史托罗楼、布兰查夫特和阿特伍德等人概念的基本理论呢？迄今我还没发现任何关于这种基本理论的论述。我认为，要最终形成完整的"习得安全感"理论，上述三种理论中的一些基本概念是必需的。我希望在本书的帮助下，其他治疗师会形成以帮助来访者获得"习得安全感"为目标的工作方式。我为什么要将这一理论命名为"习得安全感"而非沿用"挣得安全感"呢？原因有二：首先，它与"挣得安全感"有不少本质上的区别，所以需要单独阐述；其次，我认为"习得安全感"这个名字更直接地代表了一种非正式的学习过程，它帮助个体凭直觉、凭经验去了解拥有一个"安全基地"到底意味着什么。

本书分为四个部分。在第一部分中，我详细阐述了依恋理论，描述了后鲍尔比时代依恋理论的发展以及在 20 世纪末出现的"心智化"概念。我认为鲍尔比的理论已明确提出，是否具有情感上的安全感毫无疑问取决于儿童时期是否存在发展缺陷，是否与可靠、负责并能和孩子保持同步的父母角色建立了足够亲密的情感依恋。不过，我非常笃定地认为，"丧失"不仅包括物理意义上的丧失，还包括内在情感联结的丧失，这是个体在成长中缺乏"安全基地"的一个主要原因。

在第二部分的四章中，我着重介绍了几种因童年经历导致情感联结丧失的情况，以及这些经历如何阻碍个体拥有比昂所称的容纳体验。在第 4 章至第 6 章中，我阐述了有毒营养、母爱剥夺的影响，以及无法从依恋对象那里获得情感满足的结果。在第 7 章中，我探讨了当父母无法与孩子在情感上保持同步时，这种情感得不到满足的情况对婴儿大脑所产生的生物学影响。在此要感谢苏·格哈特（Sue Gerhardt），她创作了一本很有影响力的书——《为什么爱很重要：情感如何塑造婴儿的大脑》（*Why Love Matters: How Affection Shapes a Baby's Brain*），书中列举的很多事实让约翰·鲍尔比的理念终于得到了生理学证据的支持，即父母和婴儿之间的情感调谐和"有爱互动"在人的一生中具有举足轻重的影响力。这项研究肯定了一点：孩子若未获得情感联结，就会受到生物学上的影响。书中提到，在罗马尼亚，一些孤儿在其幼年时是在没有成人情感互动的情况下长时间孤独地躺在小床上度过的。由于缺乏情感互动，这些孩子的眶额皮层得不到充分的发育，导致他们的大脑存在一个虚拟"黑洞"，这实在是骇人听闻。同样值得一提的是，负性情绪确实会阻碍婴儿的大脑发育，因为它们会导致皮质醇的产生，皮质醇的产生又会阻碍内啡肽和多巴胺的生成，从而形成一个循环，使葡萄糖无法生成。而大脑的发育离不开葡萄糖。

第三部分集中论述了"习得安全感"的理论基础。在第 9 章和第 10 章中，我对用于整合的另外两种理论（自体心理学和主体间性理论）进行了简要的描述。在第 11 章中，我呈现了这三种理论整合后的内容，它是"习得安全感"理论中所有概念和实用性的基础。第 12 章是对这部分内容的总结，重点探讨治疗师确信有必要让来访者得到"挣得安全感"或"习得安全感"时应该在治疗过程中使用的一些方法。

第四部分呈现了四个临床案例,这些来访者都和我工作了很长一段时间。在这部分内容中,我想让读者看到,为了让来访者真切地体会到拥有一个可依靠的"安全基地"是怎样的体验,治疗师扮演的角色到底有多重要。此外,我还探讨了这种体验对来访者的情感和心理自我(psychological self)会产生哪些影响。我特别要感谢一位名叫尼克(Nick)的来访者,他专门写了一篇文章描述治疗对他的意义,这篇文章让读者有机会从一个主观的角度来了解来访者如何在心理治疗中习得经验,以及如何看待心理治疗。

我希望本书能抛砖引玉,让大家对心理治疗的目的有所思考。我对本书的创作充满热情,正如在多年的执业生涯中我一直乐此不疲地将本书所描述的治疗方法付诸实践一样,这是一个极具挑战性和刺激性的过程,同时又有着巨大回报。我希望其他流派的治疗师也可以从本书中学到一些东西,希望本书能激发更多辩论,这样才能让更多人沿着这条道路前进。一些理论家和临床工作者可能更愿意把精力转向他们认为更值得、更令人兴奋的方向。但我相信,会有一些人有动力也有精力去发展我提出的这个观点,希望我们一起努力,将约翰·鲍尔比最初提出的概念发扬光大。

感谢在过去27年里与我工作过的所有来访者。如果没有你们,本书就不可能问世。在心理治疗的过程中,来访者将真实的自己呈现在治疗师面前需要很大的勇气,想在治疗师的帮助下实现重大改变更需要他们的全身心投入。我特别感谢个案分析中的四位来访者,因为他们慷慨地允许我将他们的治疗情况用作素材,我才可以在本书中分享"习得安全感"理论的临床运用情况。

第一部分

依恋理论是
"习得安全感"的基础

01 ATTACHMENT
THEORY
Working Towards
Learned Security

# 第 1 章
# 依恋理论的起源

约翰·鲍尔比最早提出的依恋理论是本书的核心所在。感谢约翰·鲍尔比，是他让我萌生了将三种精神分析理论整合（详见第 11 章）到一起的念头。我认为，把这些理论结合起来使用会比采用单一理论模型更有效地帮助来访者恢复心理健康。我写本书是为了将这一整合性的心理治疗方法与更多的心理治疗师和咨询师同行分享。我希望它能起到抛砖引玉的作用，激发大家进一步的讨论，并使该理论随之得到进一步的发展。

作为一名精神分析取向的心理治疗师，我试图在本书中将自己多年从业经历中形成的基本意识形态呈现出来。首先我想说的是，"习得安全感"理论整合了所有我认为效果显著的心理治疗方法，它在治疗师精确而又有技巧的运用下，可以帮助来访者培养出更清晰的"自传能力"，并在长程治疗结束后获得更强大、更稳定的自体意识（sense of self）。在我看来，这两个目标（获得"自传能力"和拥有发自内心的安全感）的达成是来访者在长程心理治疗中的最重要收获。在很多情况下，它们并不是来访者已经意识到并明确提出的目标，事实上，来访者提出的往往是一些对他们来说更为迫切需要应对的、困扰他们的外部环境因素。

在我看来，帮助来访者摆脱那些支离破碎、充满冲突的关系，学会一种更令人满意的交往模式是很多治疗师的首要目标（尽管他们不一定意识到）。那些导致冲突的关系模式几乎总是会在最初几次治疗性会谈中就表现出来，与来访者呈现出来的种种问题纠缠在一起。根据我 27 年的实践经验，来访者呈现出来的问题几乎总是源于不良的人际关系，无论这些人际关系是关乎终身伴侣、子女等其他家庭成员的，还是关乎工作同事、寻常社交对象的。因此，我认为治疗师应该对来访者与他人的相处模式进行处理，当然，这种相处模式还会体现在"此时此地"发生的移情和反移情中，也会随着双方建立治疗同盟后真实关系的逐步发展而暴露无遗。

## 依恋理论：外部创伤乃重中之重

本章讨论的重点是依恋理论，所以，从心理动力学的角度对约翰·鲍尔比的人生做一番讨论似乎顺理成章，这可以让我们更能理解为什么鲍尔比为依恋理论的创立、发展及其临床应用奉献了毕生心血。正是因为这种投入，鲍尔比与精神分析学界的大多数人（包括精神分析学会及其拥趸者）在这方面产生了巨大的分歧。鲍尔比认为，个体心理健康受到的不良影响主要来自环境中存在的各种问题，并非源于个体的内在幻想或内在动机与其有意识的意图和目标之间的矛盾，这样的观点使鲍尔比与其他人的分歧在所难免。简而言之，在传统精神分析学家看来，让来访者受苦的是他们的内在心理冲突，而不是生活环境中的种种不如意。此外，鲍尔比还认为，精神分析学说在 20 世纪中叶已失去了弗洛伊德提出的科学基础，被梅兰妮·克莱因（Melanie Klein）和安娜·弗洛伊德（Anna Freud）以直觉和解释为主的方法所取代。

鲍尔比的观点与传统精神分析的基本哲学假设背道而驰，挑战了精神分析学说的基本原则，因此他一直没能得到精神分析界的谅解。在过去的60 年里，我们虽然看到了一些和解的迹象，但我猜测，就连我这本书，也会因为坚持了“鲍尔比原则”，即认为环境问题比内在冲突更重要或至少与之同等重要，因而得不到某些圈子的接纳。在 20 世纪 90 年代接受精神分析训练时，我就从自己的亲身经历中发现，鲍尔比的理论思想被视为平庸之言而遭到了主流思想的摒弃。我本来打算以依恋理论为主题撰写受训第二年的扩展理论论文，却被明确告知，该题材可能不被接受，最好考虑换一个主题。

不仅如此，在受训期间接受上级督导的评估时，我报告了一个案例，案主遭受了极端的环境创伤，父母在他十几岁时双双惨死，在此之后，他的两个密友自杀未遂，这些都对他产生了巨大的影响。在个案报告中，我回顾了这位来访者在治疗过程中的失声痛哭，这也是他在遭受一系列刺激后的首次哭泣，我认为这是来访者的一个重要的情绪宣泄时刻。在我看来，当来访者开始在治疗中感到安全的时候，他就能够将内心深处的焦虑和伤痛表达出来。因此，我认为，这位来访者能够第一次放任自己哭出来代表他的治疗进入了一个决定性的时刻。然而，负责评估的督导师不同意我的观点，可能是因为她不相信依恋理论，也不相信来访者和治疗师之间能够产生感情。她的注意力完全集中在了负性移情上，认为我的来访者只不过是在表演痛苦，以此来取悦我。她告诉我应该去处理负性移情，不要被来访者的痛苦所欺骗。这是我的亲身经历，在 20 世纪 80 年代和 90 年代我受训的那段时间，这种治疗风格盛行一时。治疗师们在提到来访者时的语气往往是高高在上、傲慢自负的，似乎和我们这些精神分析治疗师比起来，来访者在本质上就“更无知”。有这种想法的人不止我一个，奥奇斯在他的书中提到，和我同时期受训的杰哈德（Gerhardt）也有过类似的描述，一位督导师非常明确地指示她"去摧毁来访者的受虐倾向"。

事实上，研究表明，在心理治疗中，个案脱落率与治疗师对负性移情反复进行解释的行为之间存在着负相关，因为这样的治疗会让来访者感觉如坐针毡。就我个人而言，这个结论一点也不令人惊讶。在某些治疗流派中（这类流派也倾向于赋予资深分析师信徒般的权力），来访者被称为"婴儿"和"受害者"，这样缺乏善意的语言让咨询室中的治疗关系在来访者眼中更加如同受刑了。即使我们只在私下里对来访者使用这样消极的称谓，我们在行为上也容易表现出高高在上的态度，那就休想让来访者获得一种"习得安全感"。治疗师的真正力量不在于成为唯一"知道"那些"未经思考的已知"（unthought known）的人，而在于她是安全基地的提供者。除非来访者最终获得安全感，否则如影随形的焦虑将使他们无法表达出自己真实的感受和想法，而正是这些感受和想法可以使他们在"潜意识意识化"（unconscious conscious）的帮助下解决神经症。

在我看来，在前文提到的那个我在受训期接受的案例评估中，我的来访者在处理关系时已经形成了一个"内在工作模型"（internal working model），这种模型让他相信自己本质上有一些东西令人厌恶，所以每一个与他打交道的人都因此离他而去。我认为，在那一刻的治疗情境中，这种解释是最恰当的，而不是某种更深刻的克莱因式的移情解释。我相信这个解释会让来访者恍然大悟，会给他带来力量，在意识到那些过往不曾意识到的东西之后，他就可以做出选择——是一如既往地生活，还是在三思后从此不同。

大家可以在《俄狄浦斯情结：是解答还是解决》一书中看到，我对内在心理冲突给予了应有的重视。在移情现象和日常生活中处处都有俄狄浦斯情结的影子，它是个体内在心理冲突的结果。我在该书中呈现了六个案例，通过详细的个案分析展示了如何在治疗中处理每位来访者的移情并借此一劳永逸地解决俄狄浦斯冲突。

不过，我始终坚持认为，我们必须努力形成一种整合性理论，承认个体遭受的痛苦既来自内在心理冲突，也来自外在的人际冲突。在之前的文章中我提到过，我希望通过辩证思维过程来追求哲学之路，并下定决心勇往直前。辩证思维能让人找出某一范围内的共同概念，并利用它们将那些看似不可调和的差异整合在一起。

在过往的 20 年中，我一直是依恋理论核心思想和约翰·鲍尔比观点的忠实拥趸者。不过，我接下来首先要讨论的是约翰·鲍尔比的生平，这样做是为了探索他本人的心理动力史。我希望这能使我们更好地理解，为什么这个谜一样的男人对他人的情感需求有如此敏锐的洞察，却无法与同时代的人分享自己的感受，为什么他会终其一生去追求一个世界——一个能让人从母爱剥夺的痛苦中走出来的世界。

## 对约翰·鲍尔比的心理动力学分析

约翰·鲍尔比生于 1907 年 2 月 26 日，母亲是梅·莫斯汀（May Mostyn），父亲安东尼·鲍尔比（Anthony Bowlby，1855—1929 年）因担任爱德华七世和乔治五世的御用外科医生而获授骑士爵位。安东尼一直未婚，直到寡母去世，他才觉得自己拥有婚娶的自由。这是因为当安东尼还是个小男孩的时候，他的父亲于 1861 年被杀，从那以后，他就自觉地承担起了照顾母亲的责任。

约翰是六个孩子中的一个，父母在他出生时已人到中年，当时其母 40 岁，其父 52 岁。和那个年代的很多家长一样，他的父母把养育孩子的大部分工作交给了一群可信赖的保姆、仆人以及纪律严格的寄宿学校。因此，我们可以合理地推测，约翰·鲍尔比在成长过程中遭受了严重的母爱剥夺，正是对这番经历的深深憎恶激发了他为彻底改变孩子的抚养环境而斗争的决心。1944 年，他撰写了一篇名为《44 个小偷：他们的性格和家庭生活》（Forty-four juvenile thieves: their characters and home life）的文章，讲述了12 个被他称为"冷漠的心理变态者"中的 10 个在童年时期是如何长期缺乏母爱的。不可否认，与这些人相比，约翰的母亲至少是看得见摸得着的。（每天下午 5 点到 6 点之间，在约翰吃完婴儿加餐后，母亲会和他待一个小时。所以，她时不时也会露面的！）不过，在情感上她是不是能对他进行回应就不好说了。而一心扑在工作上的父亲则是一个遥不可及的客体，既看不见也摸不着。事实上，约翰的养育环境意味着，尽管作为一位致力于争取儿童权利的社会活动家，他有着丰富敏锐的情感和"内在的平静"，但他几乎不会亲近任何人。若用"陌生情境测试"进行评估，他可能会被归类为不安全 - 回避型（稍后我会解释这一类型的定义）。这是因为他在幼年时期不幸遇到的照顾者是只在其想出现的时候才会出现。所以，我猜他对自己能否得到想要的关注毫无把握。若用成人依恋访谈（AAI）评估，按照其表现分析，他很可能被认定为一个疏远、冷漠、对孩子缺乏回应或理解的家长。这很可能是因为他羞于承认自己的脆弱，哪怕一丁点都不行。我们还可以猜测，他和父母之间十分缺乏亲密情感，而这毫无疑问是驱使他去追求创新和独特的部分动力，正是这样的追求让所有人在精神分析的世界里看到了一线希望之光。

　　和约翰一起长大的托尼是一个对他而言具有特别意义的兄长，他们之间形成了一种非常激烈的竞争关系，这对约翰形成了巨大的影响。虽然托尼比他大 13 个月，但这两个孩子经常被视为双胞胎。正因如此，约翰被永久地困在一场关乎"孰优孰劣"的斗争中。托尼天生就该追随其父进入医学界，但他没有选择这么做，也许是为了避免与父亲的强大相比较而产生失败感。这让约翰有了一条通向医学事业的道路，他先在达特茅斯海军开始自己的职业生涯，但事实证明这是一个错误，在这之后他进入了剑桥大学三一学院，在那里攻读前临床科学和心理学，并获得一等荣誉学位。

人们原以为他随后会前往伦敦学习临床医学，但作为叛逆者（即使不为人知），他在一所为那些无法适应社会的儿童开设的实验学校里找了个职位。在那里，有两件事从根本上影响了他此后的整个职业生涯。首先，他发现自己可以和学校里的那些问题儿童交流，同时也发现，这些儿童的心理问题似乎与他们不幸福、混乱的童年经历有关。这一发现就像指南针一样指引着他前进的方向，指引着他以后的职业生涯。其次，他遇到了约翰·阿尔福德（John Alford）并与之成为朋友。约翰·阿尔福德本人曾接受过一些个人治疗，他建议约翰·鲍尔比接受精神分析训练。再一次，在外在人际冲突和内在心理冲突的双重作用下，约翰在个人层面上发现了精神分析道路的诱人之处。

在伦敦大学学院（University College London）接受临床医学训练期间，约翰加入了精神分析学会，并接受了梅兰妮·克莱因的朋友及追随者琼·里维尔（Joan Riviere）的分析。在 1933 年取得医师资格后，他前往莫兹利，开始接受成为一名精神病学家所需的培训。1937 年，他取得了分析师资格，并立即开始跟随梅兰妮·克莱因接受儿童精神分析方面的训练。虽然他相信精神分析的实际功效，但对其理论基础有所质疑，原因有二。首先，他觉得，在安娜·弗洛伊德和梅兰妮·克莱因的指导下，精神分析已经成为一门与科学的严密性无关的学科，而更多地依赖分析者的直觉和经验。其次，他不同意（正如我之前所说的）内在冲突和幻想在致病过程中具有首要地位，也不同意弗洛伊德的"homuncular"模型（即每个发展阶段都是预先确定的，并以既定的顺序依次进行）。相反，他认为每个人都是以自己独特的方式、以不同的速度发展的（一种表观遗传模型），对人类发展至关重要的是外在现实环境，而非内在幻想世界。

在对精神分析学会心存疑虑、对主流态度忧心不已的情形下，鲍尔比于 1944 年当选为精神分析学会培训部长，尽管他并不担任训练分析师。他不喜欢精神分析学会游离于国民医疗服务体系（National Health Service，NHS）之外的现状，后者是在第二次世界大战结束后紧锣密鼓建立的。在我看来，正是因为未被纳入 NHS，精神分析给自己造成了重创。

我们都尝到了这一傲慢态度带来的苦果。正是因为这种傲慢，精神分析学派，连带着精神分析心理治疗流派，在政治层面从未被政府接纳，无论执政党是哪一个。与此形成对比的是心理学专业，因为一直与 NHS 共同进退，它现在被纳入了精神卫生领域 NHS 的规定部分，特别是在实施了心理治疗普及计划（Improving Access to Psychological Therapies，IAPT）之后。与此同时，在 NHS 或私人诊所工作的心理学家收取的费用可能远远高于取得资格的分析师或精神分析治疗师，尽管后者接受了高难度的培训，付出了与前者同等水平的努力与学费。在我看来，正是政治原因造成了这种明显的差异，尽管事实上心理学家和精神分析学家都没有资格开处方药，或者说，按照惯例他们都没有接受过医疗训练。

1944 年，为了获得完整投票权，鲍尔比不得不在精神分析学会宣读一篇论文。他准备并宣读了他的重要论文《44 个小偷：他们的性格和家庭生活》。在这篇论文中，他着重指出，在 12 个"冷漠的心理变态者"中，有10 个在不到 10 岁的时候就失去了母亲。同样，他们中有 40% 的人遭受了严重的母爱剥夺，因此（他相信），在母爱剥夺与精神错乱和违反社会常规的行为之间存在着某种联系。虽然样本数量这么微不足道且没有任何对照组的研究不会被认为具有统计学上的意义，但在 20 世纪 40 年代，这些证据已足以令人信服并造成巨大的影响。但鲍尔比在这篇论文中重点强调，导致个体罹患神经症的主要是环境影响，而非内在冲突，这一点为学会所不喜，因此，他在学会中遭到了明显的冷遇和排挤。

在 1957 年至 1959 年期间，鲍尔比提交了更多论文，这些论文也引发了一些辩论，但克莱因的嫡系部队对他充满了敌意。值得一提的是，在 20世纪 90 年代受训期间，我也遭受过同样的敌意。这不禁让我怀疑，精神分析的主流意识形态是否真的改变了。对此，杰里米·霍姆斯比我乐观一点。他在《约翰·鲍尔比与依恋理论》（*John Bowlby and Attachment Theory*）一书中写道：

> 但时代不同了。过往的理所当然，如今却未必如此。精神分析已不再那么教条主义，而是开始对经验证据和跨学科影响持更为开放的态度。在其他学科那些貌似肤浅实则刺激的东西和精神分析学说之间，曾经竖立着一道高高的"柏林墙"，而今这道墙已轰然倒塌。

诚然，依恋理论有时看似陈词滥调，甚至平淡无奇。它有一种"显而易见"的特质，当其中的概念被指出时，人们往往会有一种恍然大悟感："为什么我没想到要说出来呀？我早就知道了！"也许这是因为它与我们自身的生活经历产生了共鸣。但实际上在鲍尔比之前从来没有人这么说过，直到他探出头来一鸣惊人，还不幸很快就被"斩首"了！依恋理论确实缺少其他概念所具有的那种复杂的知识结构和抽象本质，诸如内在冲突、防御机制（如投射性认同）、弗洛伊德的自我和本我等概念。然而，恰恰是因为它通俗易懂，能够在咨询室中引发来访者的共鸣，使它能够在众多晦涩深奥的心理概念中一骑绝尘。而且，依恋理论并不简单，在后面的章节中，我会继续探讨后鲍尔比理论中"挣得安全感"和"习得安全感"的概念，以及它与史托楼、布兰查夫特和阿特伍德的主体间性理论的联系，届时，我们会清楚地看到，它其实也是一套复杂精巧的理论。

1952 年，鲍尔比和詹姆斯·罗伯逊（James Robertson）合作，研究因生病住院而与父母分离对儿童（1 ~ 5 岁）产生的影响。该研究诞生了詹姆斯·罗伯逊的经典影片《两岁幼儿在医院》(*Two-Year-Old Goes to Hospital*)。这是一部让人很难不动情落泪的纪录片，后来它与其他证据一起动摇了 NHS 的基础，使当时社会对父母探视住院患儿的态度与规定发生很大转变。

正是在与詹姆斯·罗伯逊合作期间，鲍尔比提出了著名的"三阶段理论"，即婴儿与照顾者分离后会经历三个阶段：抗议、绝望，然后是疏离。在抗议阶段，孩子会哭泣、喊叫、呼唤，试图让母亲回到身边。所有这些行为的动机只有一个：他希望母亲回来。我想补充一点，我认为这个阶段也包括一些情感宣泄。这一阶段可能会持续长达一周。以我的小狗为例，当作为它主要依恋对象的我们离开它时，它会可怜巴巴地叫唤，竭力表示抗议，希望我们回到它身边。

第二阶段是绝望。这时，孩子可能会在孤僻和悲伤之间徘徊。这是一个充满眼泪的时期。也许旁观者并没有看到他哭得涕泗滂沱，但在内心深处，他深深地沉浸在悲伤中，心无旁骛地怀念自己所失。此时孩子会无精打采，对任何东西都不感兴趣，连最喜欢的玩具也无法让他动容。我还记得自己三岁住院时的感觉，那时我在医院住了四个星期，父母只被允许探望了我三次。这个阶段的小家伙正在心理上适应新的现实，所以感到悲痛万分，内心充满绝望。

疏离是第三个阶段。当分离长达一定的时间后，孩子似乎已经适应了照顾者离开的事实，看上去恢复了常态。他又开始玩耍，找回对生活的兴趣，又可以笑了。但这只是一种假象，其实孩子已经退缩到了一个"孤独的世界"里，用鲍尔比的话说，在无意识中他已经做出决定：再也不会冒险去亲近任何人，以防再次遭到遗弃，再次体会分离第一阶段中那令人心碎、不堪承受的痛苦。这一阶段造成的伤害有时是无法在心理治疗中得到修复的，但与之相关的治疗往往可以取得一定的成功，来访者会变得敢于再次尝试亲密关系，尽管他一开始可能会如惊弓之鸟般小心翼翼。我个人认为，经历过这个阶段的儿童心理极其脆弱，如果不采用长程心理治疗，修复的可能性不大。

第二次世界大战结束后，在詹姆斯·罗伯逊和约翰·鲍尔比合作的同一时期，玛丽·安斯沃斯（依恋理论的共同创始人）加入了鲍尔比的团队。据说她对依恋理论的产生过程记忆犹新。那是在 1952 年，当鲍尔比在阅读洛伦茨的大作《所罗门王的指环》（King Soloman's Ring）时，书中关于灰雁的内容让他"一瞬间"产生了依恋理论的想法。洛伦茨发现，雏雁在成长中会经历一个极其独特和短暂的阶段，在这个阶段，它们会对任何出现在眼前的移动物体产生依恋。这就是所谓的"印刻现象"。洛伦茨在实验中发现，只要时间正确，即使把雏雁放在一个移动的纸箱前，它也会对纸箱产生依恋，如果是洛伦茨自己出现在雏雁面前，这种现象同样会发生。借助于动物行为学（对动物行为科学客观的研究）的科学理论，鲍尔比发现，他可以把精神分析的诠释学（解释的理论和方法）与生物学的科学方法结合起来。与此同时，安斯沃斯搬到了乌干达，并最终在马里兰州的巴尔的摩定居。在那里，她倾注了全部心力去研究一种能对幼儿的依恋模式进行测量的方法，并最终设计出"陌生情境测试"，从该测试中衍生出了依恋的四大类型，按照约翰·鲍尔比的说法，它们是"内在工作模型"。在本章后面的内容中我们将讨论和描述这种分类。

第二次世界大战后，鲍尔比被世界卫生组织选中，负责编写一份关于无家可归儿童的心理健康报告。值得一提的是，第二次世界大战后，人们从政治和社会角度开始意识到丧失和创伤带来的问题，这对鲍尔比来说正中下怀。对他来说，这些在当时的政要、社会学家、政治学家和心理学家中普遍流行的问题正是他自己的研究兴趣所在。

我们每个人，包括依恋理论的提出者约翰·鲍尔比，都必然受自己生活其中的政治和经济环境的影响。弗洛伊德也是如此，尽管身为开山立派的一代宗师，但其理论证明，他不可避免地受到了他所处时代特有思潮的影响，作为生活在家长制社会的一员，弗洛伊德在本质上深受其影响。

正是因为遭到敌视，20 世纪 60 年代中期之后，鲍尔比在精神分析学会待的时间很少，从 1964 年到 1979 年，他把时间都用来撰写著名的三部曲：《依恋》（Attachment）、《分离》（Separation）和《丧失》（Loss）。这些都是畅销书，每本销量在 4.5 万到 10 万册之间。1980 年，他被伦敦大学学院精神分析专业指定为"弗洛伊德荣誉教授"（Freud Memorial Professor），并在此期间举办了巡回讲座，值得庆幸的是，我们可以从《情感纽带的建立与断裂》（The Making and Breaking of Affectional Bonds）和《安全基地》（A Secure Base）中找到这些讲座内容的集合。鲍尔比撰写了大量脍炙人口的论文和书籍，他的最后一本书是为查尔斯·达尔文所著的心理传记，出版于 1990 年 9 月 2 日。在该书出版仅几个月后，鲍尔比便与世长辞，享年 83 岁。按照他的遗愿，人们在他的第二故乡斯凯岛上为他举行了一个简单的斯凯岛式葬礼。斯凯岛远离尘嚣，岛上居民的生活质朴简单，这种风格一如鲍尔比的为人，虽然他智力超群、成就卓越。

值得一提的是，约翰·鲍尔比有些小叛逆，他从一开始就想过一种与常人不同的生活。因此，尽管决定从医（也许是为了取悦虽与他感情淡漠但他从心底里尊敬的父亲），但他并没有想好这条路具体该怎么走。他充分利用与约翰·阿尔福德相识的契机，接受了艰巨的精神分析训练。他不畏劳苦，勤学不辍，最终取得了分析师资格。然而，他不习惯盲目地接受摆在眼前的教条。他对当时占主导地位的价值体系提出了质疑，并对精神分析理论提出了自己独特的见解。对他来说，个体内在世界发生的那些东西并不是首要的，环境的影响才是关键所在。也许他的观点的确过于简化了，因为事实上可能是环境影响和内在冲突兼而有之。

我还想指出约翰·鲍尔比具有的另一个让我觉得很迷人的性格特点。尽管他表面上很自信，看起来拥有"内在的平静"，而且无疑智商极高，但直到接近晚年，他才拥有足够的自信公然挑战现状，并创作出他的"三部曲"。《依恋》一书出版的时候，他已经 60 岁了。

尽管他撰写了几部著作，细致入微地描写了人类在遭遇丧失、分离和悲痛时的感受，但对自己的感受始终三缄其口。据说他与子女关系疏远，把四个孩子全扔给了妻子厄休拉。不过，有趣的是，也许是因为对为人父时的"失职"引以为憾（子女们对他的缺席颇多微词，质问他是不是个"窃贼"，因为他只在夜深时回家），所以他成为儿女们公认的出色的祖父。他在第二次世界大战后对英国女性的角色性质特别关注，这可能是缘于他对母亲的失望，因为母亲给不了他渴望的爱和关注，而且偏心他的哥哥托尼。他性格中那些叛逆特质也许是孩提时被伤害、忽视的结果，就像他在《44 个小偷》一文中提到的那些"冷漠的心理变态者"一样，只不过没有那么明显罢了。伤害是一种动力，驱使他不知疲倦地去战斗、去修复世人心上的伤痕。这些伤痕源于儿时母亲的忽略，他总是能够轻松识别出那些受过相同伤害的人，并对他们的痛感同身受。

## 鲍尔比依恋理论的核心概念

**母爱剥夺**（Maternal Deprivation）：出现在《儿童养育与母爱成长》（*Child Care and the Growth of Maternal Love*）一书中。

第二次世界大战结束后，英国兴起了"道德恐慌"潮，丧失、分离和创伤的概念受到了空前关注，鲍尔比就是这股思潮的核心人物。战死沙场的军人们留下了大量的孤儿寡母，这种丧失影响深远，甚至在政治层面引发了人们广泛的道德辩论。在战争期间，母亲们被迫承担起以往一直由男人负责的工作，因为男人们都上战场了。为此，国家暂时增加了对儿童的照顾，而在士兵们从战场归来后，这种照顾就停止了。尽管我意识到这样讲带着嘲讽意味，但确实，如果让女性都回归家庭养育孩子、做做家务，把她们在战争期间从事的工作还给从战场上回来的男人们，对在战后致力于打造"英雄乐土"的英国来说是最合适的。这项政策避免了可能出现的大规模失业。因此，鲍尔比在给世界卫生组织的报告中提到的发现恰逢其时，大受欢迎。我对他的观点没有异议，但我认为，对于一个正面临大量男性劳动力等待就业的政府而言，这样的策略在经济和政治上都只是权宜之计。

值得一提的是，鲍尔比认为，女性应该承担起在家照顾孩子的责任，因为在社会机构中长大的孩子可能会有一些发展缺陷：体形偏小，表达能力偏弱，成年后欠缺与他人建立稳定关系的能力。安斯沃斯的确发现，在婴儿30个月之前，他们只会全心全意地依恋母亲。我完全同意这样一种观点，即在父母的照顾下，孩子无论是在智力、情感还是身体方面都能得到最好的发展。不过，这种观点会让人们以为"必然如此"。

我认为，孩子最好是与父母双方生活在一起，若非如此，他们休想解决俄狄浦斯情结。在俄狄浦斯期，孩子一开始是想将父母分开，最终却发现，这是一个无法实现的理想，这可能会让他们心碎，但最终他们会如释重负。我认为，这段时期所经历的内在冲突对孩子的发展显然有着极其重要的影响。

此外，儿童最好是和父母，或者至少是和一个"重要他人"（如祖母），一起住在他们可以称之为"家"的地方。这有助于提供鲍尔比所称的"安全基地"。鲍尔比意识到，只有靠近依恋对象，依恋行为才得以发生。他说：我们每一个人都要走过从摇篮到坟墓的这段路程，如果拥有依恋对象所打造的安全基地，能每次都从这里出发，把人生变成一场场或长或短的旅行，这样的人生是最幸福的。

依恋理论本质上是受空间条件限制的，需要考虑如何让依恋对象保持在让自己安心的距离之内。这里的距离可能意味着真实的空间距离，也可能是霍姆斯所指的隐形"马其诺防线"。观察幼儿游戏的时候，我们可以看到，儿童会在离母亲几米远的地方和小伙伴一起玩耍或者各自玩耍，他们会不时地回到母亲身边，拽着她的裙子寻求安抚。还有一种可能是，它意味着一种形式更复杂和抽象的"亲近"，只需有一张亲人的照片或某种过渡性客体，就足以让人感觉依恋对象近在咫尺。以我的一些来访者为例，当他们处于一种深度依赖的移情状态时，可能会在身边放一本从我这里借的书，有些人甚至会在晚上睡觉时把我的名片捏在手里。

不过，对鲍尔比认为与父母同住永远是最佳选择的看法，我要提出一点异议。如果父母关系亲密，和他们一起生活当然最好。但遗憾的是，现实情况并非总是如此。我亲耳听到过许多来访者的抱怨，他们多么希望当初父母能早点离婚，这样就不用目睹父母没完没了的互相攻击（精神上和肉体上）并深受其苦。我很反感英国广播公司的一档名为《全景》（Panorama）的节目，该节目竭力宣扬与父母同住对孩子的发展有多大的好处。是的，确实如此，但前提是父母能够恩爱、和睦地相处，这是必不可少的前提。在一个不断发生冲突的环境中生活是最令人不安的，会让孩子先入为主地认为，在与人相处时发生冲突是常态。诚然，父母应该让孩子看到，冲突是可以表达和接受的，无须隐藏和回避，但没完没了的互相攻击显然是有害的。

我想在此谈谈女性主义批评家们宣扬的观点。我赞成女性不应该被绑在厨房的水槽边，也不应该成为男人的无偿保姆。如果要从女性主义或整个女性主义理论的角度来阐述这一点，我建议参考霍多罗夫（Chodorow）和奥克利（Oakley）的观点。但深入探讨这些问题显然超出了本书的范围。一些女性主义者建议，对妇女付出的家务劳动应该支付报酬，虽然在我看来这一提议不太现实，但我确实认为，女性要承担养育孩子的重任，平时生活中很少接触到其他成年人，又没有其他的外部刺激，这会给女性带来沉重的精神负担。以我姐姐为例，为了让自己保持心理健康，避免陷入抑郁状态，她会在每个孩子刚满一岁的时候就回到工作岗位，用别的办法来照顾孩子。不仅如此，当今社会有数百万妇女因经济窘迫需要工作，因为她们要么是单亲母亲，要么需要帮忙养家。为经济着想，执政的保守党政府正在提高那些每周工作超过 15 小时的母亲（孩子 3 岁和 4 岁）的津贴水平。时代显然改变了——不再是第二次世界大战后那种充满舒适和关怀的"母权制"社会了！

事实上，孩子确实会表现出依恋行为。然而，尽管依恋是单一的（也就是说，只针对一个对象而不是许多），但鲍尔比没有意识到的是，大多数孩子都有能力把依恋对象分出层级。所以，一个小男孩可能拥有对母亲的一级依恋，对父亲的二级依恋，对托儿所主要工作人员的三级依恋。

在炮轰鲍尔比的时候，女性主义者瞄准的是他提出的"生理构造决定论"。鲍尔比认为，既然生理构造注定了女性是唯一能够生育的性别，因此孩子的主要依恋对象必然是女性。在这篇文章中，鲍尔比的观点与弗洛伊德惊人地相似，考虑到他的家庭背景，这或许并不令人惊讶。他来自中上层阶级，母亲无须外出工作，家庭中奉行男尊女卑的价值观。事实上，儿童不只会对女性形成依恋，男性也很容易成为儿童的依恋对象（尽管对父亲和孩子之间依恋关系的研究很少，这一点令人扼腕）。鲍尔比之所以持这种观点，也许一方面缘于他对母亲的失望，因为他很可能没有从母亲那里得到他最想要的东西；一方面缘于他对母亲的怨恨，因为她偏袒哥哥托尼。

他认为女性应该照顾孩子，这或许是他对现实理想化的想法。

在鲍尔比眼中，照顾者和儿童之间的情感纽带源于心理上的需要，而非对食物的需求或婴儿性欲的结果（分别为克莱因和弗洛伊德提出的概念）。他认为，孩子的主要动机是靠近母亲以保证自身安全，这与弗洛伊德认为"生理需要至高无上"的理念相反。

马塞尔·普鲁斯特（Marcel Proust）清楚地意识到了母爱的可贵，在下面这段写于 1913 年的文字中，他把对母亲的不安全依恋表达得淋漓尽致，这种不安全可能缘于母亲给予得太少。他在《追忆似水年华》（*À La Recherche Du Temps Perdu*）中写道：

> 每天上楼睡觉的时候，唯一让我感到安慰的是，妈妈会在我上床后进来亲吻我。但这样的时刻太短暂了，她很快就会下楼。我侧耳聆听她上楼的声音，听到她的田园风连衣裙上那稻草编制的小流苏发出的沙沙声沿着双门走廊越来越近，这是我最痛苦的时刻，因为它预示着下一刻她就会离开我而再次下楼。我多么希望，我深爱的这个美好的夜晚能够尽可能晚一点到来，这样就可以延长等待妈妈出现的时间。有时候，我多么希望在她亲吻我后打开门准备离开那一刻开口把她喊回来，对她说："再亲我一下。"但我知道，如果我这样做，她会立刻表现出不悦，因为这个晚安吻还是她看我可怜，在我的胡搅蛮缠下做出的让步。父亲对此一直很不悦，因为他认为这样的仪式很可笑。

鲍尔比的想法并非来自普鲁斯特的作品，而是来自动物行为学。下面这个关于恒河猴依恋行为的实验就对他产生了巨大的影响。哈洛（Harlow）有一个著名的恒河猴实验，重点观察的是幼猴与两种"代母猴"之间的关系。一种是用铁丝架制成的"代母猴"，上面绑着奶瓶，奶瓶里装着牛奶；另外一种是用布料包裹起来的，抱起来很舒服的"代母猴"，它身上没有奶瓶。哈洛发现，幼猴明显更喜欢依偎在抱起来很舒服的布料"代母猴"身边，只有在肚子饿的时候才会去找可以喂养它的铁丝"代母猴"，这表明它更喜欢亲近能提供温柔的对象，而不是能提供食物的对象。

不过，对鲍尔比提出的依恋行为，这个实验并没有就其另一个方面提供强有力的证据。在依恋行为中，除了亲近依恋对象之外，儿童实际上还获得了一种与"安全基地"互利互惠的感觉。换句话说，就像他喜欢把母亲（或替代母亲的照顾者）时时刻刻留在身边一样，母亲也喜欢亲近自己照顾的小家伙。因此，我们可以观察到，那些身为职业妇女的母亲经常在工作期间牵肠挂肚地思念孩子，甚至会打电话给托儿所或保育员询问孩子是否安好。因为不能一直待在孩子身边，大多数职业母亲会长期被内疚感困扰，尽管她们自己可能也知道这种感觉是非理性的。

在鲍尔比定义的依恋行为中，分离时发出的抗议是另一个方面。鲍尔比认为，抗议是尽力想阻止"安全基地"离开自己，或者希望用这样的方式将依恋对象唤回。当然，它也是情感宣泄的出口之一。我们可以用母性反应（maternal responsiveness）概念来解释这种抗议现象。这不禁让我想起温尼科特的母性调谐（maternal attunement）概念和镜映（mirroring）概念，它们指的是母亲会凭直觉对婴儿的暗示做出反应，如母婴交流中的咿咿呀呀、躲猫猫、对着笑等。所有这些动作都是有问有答的，就好像母亲和婴儿在以一种出奇同步的方式进行对话，彼此之间默契十足。事实上，这种互动方式会让婴儿产生一种他能操控母亲的错觉，觉得自己施加作用力就可以改变或影响母亲的行为。"力量"的定义是"产生某种作用的能力，能源，指挥权"（钱伯斯词典）。所以，在与母亲发生一系列镜映行为时，婴儿是具有力量的。

# 异常依恋和正常依恋的区别

## 安全型依恋

鲍尔比意识到，如果在孩子的成长过程中父母一直是称职可靠的，在孩子需要的时候能陪在他身边，满足他的情感需求，那么孩子就会觉得自己拥有一个"安全基地"。而要让儿童在情感上得到满足，照顾者必须第一时间理解他的情感并予以回应，在他需要的时候永远在他身边，让他心安，给予他始终如一的关爱，对他的需要给予始终如一的回应。当然，照顾者可能没办法寸步不离地守在孩子身边，但必须告诉孩子自己在什么时候以及什么情况下会走开，而且要尽量避免长时间的分离。如果照顾者或孩子不幸住院了，也应该想办法经常见面。在生第二个孩子之前，因为被诊断为胎盘前置，我在医院住了三个月，但我安排大女儿每天都来看我，最大限度地减少了这种不可避免的分离所带来的情感伤害。

所以，如果发现婴儿或儿童有一些负性情感，父母应该鼓励他表达出来，但不要用任何过于激烈的方式，要借助语言说出自己内心的不满。同样，父母有时会对孩子生气，这是正常现象，但应该以冷静、正性、有分寸、不带攻击性的语言来表达愤怒。当孩子生气时，照顾者千万不要以攻击性的行为来回应。

## 不安全 – 矛盾型依恋

有几个原因会导致孩子形成不安全 - 矛盾型依恋。如果照顾者既不能时时陪在孩子身边，又不能满足孩子的情感需求，或者在对待孩子的时候喜怒无常、时好时坏，就会让孩子形成这种依恋模式。换句话说，这样的照顾者可能有时候很有耐心，会兴致盎然地陪着孩子玩耍；而有时候又会很不耐烦，好像一刻也不能多待，迫不及待地想去做自己的事，对小家伙的童言童语更是完全不感兴趣。让我深有感触的是，现在很多母亲把社交媒体视为生活中不可或缺的一部分，只有在孩子确实需要关注的时候，她们才不得不恋恋不舍地放下手机，放下网络中的各种信息。一旦孩子睡着了，或者去了幼儿园或学校，她们就会给自己找乐子。同样，有的母亲在对待孩子的态度上可能前后不一，有时候能容忍孩子发点小脾气，但有时候又会对孩子的行为完全不能容忍，这种做法也会让孩子形成不安全型依恋模式。

在与儿童或婴儿一起玩耍时，有的母亲可能会心不在焉，或者无法领会孩子的心意并予以及时回应。母婴相处中最重要的是互动的质量，而非数量。母亲消极被动的接触不一定能促进孩子发展出安全型依恋。

如果孩子发现让妈妈注意到自己很难，而且不确定自己是否能博得她的眼球，他可能就会表现得弱小、可怜又无助，或者经常生病。孩子会认为，只有自己够闹腾，才能得到母亲的关注，否则母亲就注意不到自己。这种情况最好能避则避，因为它可能导致孩子将来患上心身疾病。

如果母亲因罹患疾病而陷入抑郁，在很长一段时间内都无法满足孩子的情感需求，也可能会导致类似的情况。大家可以在本书第四部分呈现的三个案例中看到这种情况导致的后果。有时候母亲虽然近在咫尺，在情感上却远在天边，尽管她可能也很想与孩子亲近。这可能是许多母亲到晚年时悔不当初的人生憾事。而在孩子眼里，母亲孤僻冷漠，总是沉浸在自己的内心世界中无法自拔，对孩子的需求置若罔闻。在这样的环境中，孩子会感到孤立无援，觉得要一切全靠自己。这可能会导致孩子形成一种不太理想的依恋模式，要么是不安全 - 矛盾型，要么是不安全 - 回避型。这两种类型的依恋模式都有其异常之处，但根据我的经验，不安全 - 矛盾型依恋比不安全 - 回避型依恋更容易通过长期治疗得到矫正。

　　我建议大家去看看《俄狄浦斯情结：解答还是解决》一书中的案例报告，那可以让大家了解，为什么同样是利用移情来治疗异常依恋模式，对 6 名在治疗初期表现出矛盾型依恋的来访者的治疗要比表现出回避型依恋的来访者更成功。

　　米库利茨（Mikulincer）和谢弗（Shaver）指出，许多人的依恋模式介于不安全 - 矛盾型和不安全 - 回避型之间，我认为他们说得很对。事实上，最近他们还对这样的不安全依恋模式作了不同的归类，分别称为"超活化型"（不安全 - 矛盾型）和"去活化型"（不安全 - 回避型）。

## 不安全 – 回避型依恋

　　还有一些情况是，母亲虽然可以与孩子朝夕相伴，却在情感上冷漠疏远。有很多因素会造成这种情况，有时甚至出于很可怕的原因。也许母亲并不想要这个孩子，因为这个孩子是被强奸而怀孕或其他非自愿怀孕的产物；也许母亲正遭受虐待（家庭暴力、身体或情感虐待）；也许母亲正对某种物质上瘾，常常沉溺其中；也许母亲精神上有问题，如罹患精神疾病或边缘型人格障碍（borderline personality disorder，BPD），这意味着她可能沉浸在自己的世界里，无暇照顾和关心孩子；也许母亲也是母爱剥夺的受害者，所以她不太懂得该怎样做一个始终如一、稳定可靠的母亲；也许母亲的生活极度窘困，为了支付房租和解决温饱问题而疲于奔命。简而言之，这世上有各种各样的原因使母亲无法一直待在孩子身边。如果照顾者根本没把孩子放在心上，不关心孩子的情感，也不陪伴在孩子身边（如让孩子长时间一个人待着），这个孩子就很可能在不安全 - 回避型依恋模式中长大。这可能会导致他在成年后品行不端或行事叛逆，因为他"认同攻击者"，还有可能在学校或工作单位成为"恶霸"。

　　这种依恋模式的另外一种表现不那么明显，但在我们的咨询室里很常见。这样的人不愿意、也不允许任何人在情感层面上接近他。在内心深处他们可能也渴望与人亲密，但当机会出现时，他们又会用实际行动来回避。例如，他们可能会故意和成年伴侣争吵，就像电影《谁怕弗吉尼亚狼》（*Who's Afraid of Virginia Wolf*）中的情节那样。他们会在无意识中以频繁的争吵来调整双方的亲密程度，与对方保持一定的距离。还有一种策略也经常被他们无意识地利用，那就是永远选择那些不能始终在一起的伴侣，如找一个已婚人士做情人，这样对方就不会完全投入这段感情；或者嫁给一个经常不在家的军人。

鲍尔比对"不安全 - 回避型综合征"（insecure–avoidant syndrome）下了一个简洁的定义，明确指出了其本质。他这样描述这类个体的表现：

> 他们下定决心，无论如何不会再去承受那种痛彻心扉的失望，不会再去体验失望后那种难以自控的狂怒，不会再去领略那种对某个人既极度渴望又恨不得回避的悲情。这是一种自我保护策略，使他们免受自己动荡情绪的折磨。

这段话适用于我以往的很多来访者，为了与"另一个人"（有时是咨询室里的我）保持一定的距离，他们会别出心裁地运用五花八门的防御机制。我发现，和这样的来访者在一起的时候，如果我的双手摆出"请勿触碰"的姿势，仿佛要推开什么具有威胁性或攻击性的东西，同时用柔和的语调念出这段意味深长的话，并向来访者解释其含义时，他们就会逐渐产生改变自身依恋风格的动机。不过，这也要求我在相当长一段时间内充当他们的"安全基地"。正如我们将在本书第四部分中看到的那样，正是通过心理治疗，通过移情作用，治疗师帮助来访者实现了难得的心理改变，有时还治愈了他们精神上的异常。

之所以会形成不安全 - 回避型依恋模式，可能是因为母亲的疏于照顾，也可能是因为亲子关系疏远，在这两种情况下，重要养育者都对孩子不闻不问。也有可能是另外一个极端，即父母对孩子管束太多，插手孩子的一切，肆意践踏孩子的边界。其中最常见的是在行为上虐待孩子，包括躯体虐待、性虐待以及情感虐待（不断非难孩子，让孩子不得安生），这可能导致这些孩子成年后拒绝让任何人靠近。还有一种是挤占儿童或青少年的成长空间，孩子去哪里都跟着，不许他们离开自己的视线，或者以"爱"的名义无微不至地控制孩子，让他们感到窒息。

### 不安全 – 混乱型依恋

还有一小部分人深受不安全 - 混乱型依恋模式（insecure-disorganised attachment）的困扰。这类依恋模式者为数很少，过去被认为不具有统计学意义，通常只有在临床分型中才会被提及。但是，在梅因确定了第四种依恋模式后，通过调查她发现，许多在成人依恋访谈中曾经被归类为安全型依恋的成年人，实际上应该属于混乱型。为什么会这样呢？因为有些儿童表面上并不受母亲缺席的影响，因而被判断为安全型依恋，但有迹象表明，他们其实是在远远地密切关注着自己的母亲，这表明他们属于回避型依恋。在之前统计的 69% 安全型依恋模式中，这个计算错误实际上占了约 14% ~ 15%。这个修正使安全型依恋所占的比例减少到约 54%。这个结果可以说骇人听闻，因为这意味着只有一半多一点的人可以被归为安全型依恋。

这种依恋模式最初是在编制成人依恋访谈时由玛丽·安斯沃斯的博士研究生玛格丽特·梅恩从相关研究样本中发现的。秉持这一依恋模式者主要表现出以下特点：对其依恋对象表现出一种前后矛盾的混乱态度。一会儿把对方拉过来（需要对方），一会儿又把对方推出去，这两种态度总是交替出现。照顾者对此往往感到无所适从，不知道自己是否被需要，该怎做才对。靠近会被排斥，远离又会受罚。孩子可能还会表现出其他一些代表混乱的行为，如扯头发、摇晃、发呆、敲脑袋。现在人们认为，这种行为代表孩子试图进行自我安慰，是一种恶性循环的结果——孩子因没有安全感而焦虑，在焦虑驱使下急于寻找"安全基地"，而无法找到让其变得更焦虑。很多情况下，混乱型依恋模式者往往由具有同样依恋模式的照顾者养大，他们在情感表达方面总是冲动、欠考虑，而且前后矛盾。这样的个体往往还会表现出某种程度的攻击性，这在其他依恋类型中并不常见。

当遇到这样的人时，作为旁观者的你会被搞得困惑不已，不知所措。我承认，在看到这样的行为时，我常常觉得头痛欲裂。我一度对此感到费解，直到我读了理查德·卢卡斯（Richard Lucas）在2013年出版的《精神病的波长》（The Psychotic Wavelength）一书。他恰好说出了那种日复一日困扰着我却一直不知道如何表达的感觉。他也提到，和这种混乱型依恋模式的人待在一起时自己会感到头痛。看来并不是只有我才会被他们搞得"头痛欲裂"。

当然，我们中有很多人在执业中并不会碰到这种依恋类型的来访者，除非是在精神病医院上班，或与罹患精神疾病的患者及其家属一起工作。如果碰到了，这样的来访者很可能（但并非必然）有罹患精神疾病的父母，或者他们自己患有精神疾病。这样的人很难长时间与他人保持良好的人际关系。

按照范·伊岑多恩（Van IJzendoorn）和克伦内贝格（Kroonenberg）最初的估算，属于这种依恋模式的个体约为0.1%，而这样的人通常要在临床心理治疗环境中才会看到。不过，他们两人经进一步的研究得出结论，如果对一组在原生家庭中受过严重心理创伤的患者进行统计学上的评估，其中被归类为不安全 - 混乱型的患者比例可能会上升到70%。

范·伊岑多恩和克伦内贝格也报告了其他依恋类型的发生率，如下

所示:

安全型依恋 66%;

不安全 - 矛盾型依恋 8%;

不安全 - 回避型依恋 26%。

这些数字代表了西欧的情况。世界其他地区的数据则因地而异。

需要指出的是,在上述四种依恋类型中,前三种实际上并不是鲍尔比提出的,而是他的同事玛丽·安斯沃斯提出的。安斯沃斯最终确定了这三种在生活中更为常见的依恋模式,当时她正在巴尔的摩编制"陌生情境测试"。我们将在下一章讨论该测试。

不过,关于是什么构成了正常依恋,在什么条件下会形成异常的关系模式,这些概念主要来自鲍尔比的毕生心血。

玛丽·安斯沃斯被视为依恋理论的共同创始人,我们应该感谢她提出的前三个依恋类型。至于第四个类型,也就是不安全 - 混乱型,则是由梅因和所罗门在 1990 年分别提出的。

# 第 2 章
# 后鲍尔比依恋理论

在鲍尔比于 1990 年去世后，依恋理论学派中产生了不少杰出的理论家和研究学者。玛丽·安斯沃斯就是其中之一。在去乌干达之前，她和约翰·鲍尔比一起工作，后来她又去了巴尔的摩，在那里设计出了具有深远影响的"陌生情境测试"。正是她的研究让人们接受了将依恋模式分为四大类型的理念，该理念后来被广为采纳。

在本章中，我会大致描述依恋理论在后鲍尔比时期的发展，但是，如果要对这个主题做详尽的文献研究，那显然超出了本书的范畴。

## 玛丽·安斯沃斯与"陌生情境测试"

布雷瑟顿（Bretherton）将玛丽·安斯沃斯设计的"陌生情境"形容为"八幕微型剧"，认为它是一场由 3 个主演在 20 分钟内徐徐推进剧情的舞台剧。

安斯沃斯的初衷是设计出一种标准化的测试，能够以一种可靠、自然的方式对母亲和孩子之间的依恋关系进行评估。

在所谓的"陌生情境"中，先是由母亲带着一岁的孩子与一名实验人员共处一室，一开始他们都在场。不久之后，母亲离开房间，三分钟后返回。接下来，她和实验人员都离开，把孩子单独留在房间里三分钟。房间里发生的一切都被拍摄下来，然后由研究人员对整个过程进行评估，重点观察孩子面对分离这一应激事件时的反应，以及随后与母亲团聚时的反应。

安斯沃斯最初观察到了三种反应模式，分别为安全型、不安全 - 矛盾型和不安全 - 回避型。依恋模式的三种类型由此产生。后来，梅因分别与戈尔德温（Goldwyn）和所罗门合作，增加了第四种类型，即不安全 - 混乱型。由此产生了以下至今仍被广泛采用的分类方法。

- **安全型依恋**。具有这种依恋类型的婴儿通常（但不总是）会因母亲的离去而伤心不已。而当母亲回来时，他们通常会很开心地表示欢迎，并很快就可以安心地继续玩耍。
- **不安全 - 回避型依恋**。不管是母亲的离去或返回，具有这种依恋类型的婴儿很少表现出明显的想念母亲的迹象，他们既没有表现出明显的痛苦，也没有表现出明显的快乐。然而，当母亲回来时，他们表现出来的警惕和心事重重出卖了他们，这证明，他们的内心并非像看上去那样满不在乎。他们会继续心不在焉地玩着玩具，时不时隔着一段距离看看母亲，确认她是否还在那里。他们似乎在努力避免泄露自己的真实情绪。这样的个体行为不禁让我想起叔本华的《豪猪之舞》（*Dance of the porcupines*）。他描述了一群豪猪如何度过黑暗、寒冷的夜晚。为了取暖，它们互相靠得很近，但靠近之后会被彼此身上的毛刺扎伤，于是它们会分开，但分开之后又觉得很冷，所以它们会试图再次靠近。它们会不断重复这种行为模式，却始终无法找到一个让彼此感到舒适的最佳距离。不安全 - 回避型儿童也会表现出与此类似的行为模式。

- **不安全 - 矛盾型依恋。** 具有这种依恋类型的婴儿在母亲离开后会非常难过，在母亲回来后也迟迟哄不好。他们不断索要母亲的爱抚，但得到爱抚也难以让他们安静下来。他们可能会对母亲又咬又踢，或者冲着母亲大喊大叫，或者黏着母亲不放。在所有的实验组里，这类婴儿是最难被安抚的，需要很长时间才能安顿下来接着去玩耍。

- **不安全 - 混乱型依恋。** 具有这种依恋类型的婴儿数量极少，他们会表现出各种各样的行为，让人感到非常困惑、混乱和奇怪，包括发呆、撞头以及一些重复的刻板动作。这样的儿童会试图走向母亲，而当快要接近时，他又转身，用激烈的行为（踢 / 尖叫 / 推 / 乱撞）表达离开的愿望。我将这种行为总结为"以独特攻击形式表现出来的进退两难"。在这种依恋模式下，儿童会表现出想要亲近母亲的意愿，却又在与母亲触手可及时转身离开。

在安斯沃斯的原始样本中，每种类型所占百分比如下：

- 安全型 66%；
- 不安全 - 回避型 20%；
- 不安全 - 矛盾型 12%。

自问世以来，"陌生情境测试"被很多研究人员使用过，其结果因文化背景的不同而有异。研究发现，在西欧和美国，回避型的比例更高，而在以色列和日本，矛盾型的比例更高。

假设这个测试是在一个非洲国家进行的，如尼日利亚，那里的土著仍然沿袭大家庭结构，孩子由大家庭抚养，一夫多妻被视为正常，在这种环境下，对测试结果的分析会有所不同。在这种养育环境中成长的孩子不会对谁产生特别强烈的依恋，不管是母亲还是其他任何一个家庭成员，也就是说，其依恋对象不是单一的。我的姐夫就是尼日利亚人，他和我姐姐的婚姻维持了 50 多年。姐姐还有很多嫁给尼日利亚人的非尼日利亚朋友，但这些人的婚姻多数都以分居和离婚收场。

为什么姐姐的婚姻能够维系下去呢？我认为这是因为她的丈夫和他的同胞们不同，他是由祖父一手带大的，所以从 1 岁到 18 岁他一直与同一个依恋对象保持着稳定的关系。如果他是在典型的尼日利亚大家庭结构中长大的，我想他们的婚姻也早就破裂了，因为他没有办法和一个固定的成年伴侣维系稳定、持久的亲密关系。

## 不同依恋类型者攻击行为的发生率

在面对照顾者的时候，不安全 - 矛盾型的婴儿和儿童具有明显的攻击行为。等他们成年后，他们的终身伴侣很有可能成为这种攻击的承受者。与此相反，不安全 - 回避型的儿童则会掩饰他们的攻击性，也许是因为他们从来没能从照顾者那里得到完整的、让他们满足的爱，得到的都是"碎屑"，而不是"整块蛋糕"，这让他们非常没有安全感，所以，他们总是担心会被抛弃或得不到"喂养"，所以要小心翼翼地掩藏攻击性，不敢冒险把照顾者吓跑。

我有一位接受长程治疗的来访者（在案例报告中我称之为艾玛），她的依恋模式就是不安全 - 回避型，这是由于童年时她的母亲一再威胁要将她和兄弟姐妹们送去社会福利机构。鲍尔比的那段充满感情的话对她很适用，她就是那些下定决心要避免再次产生"绝望的愤怒和渴望"（见第 1 章）的来访者中的一个。

在治疗的前四年，艾玛充满了愤怒和攻击性，在治疗过程中她经常对我咆哮。我做什么都是错的。对一个治疗师来说，要在不反击的情况下承受来访者通过负性移情传递过来的全部能量到底意味着什么？是她让我对此深有体会。不过，和上面提到的原则相反的是，尽管她确实用言语表达了愤怒，但每到治疗时间她总是会按时出现（每周三次）。近年来，她改为每周来做一次心理治疗，在某些具体情况下她依然会表现出明显的愤怒，但相比从前已大为减弱。她现在很少抱怨我了，也很少有意识地生气了，却变得经常迟到。虽然这似乎有些矛盾，但我对此的理解是，她之所以敢以如此微妙的方式表达不再服从的意愿，说明她相信我在乎她，即使她有所反抗，我对她的爱也不会消失。我猜她已经认为自己不需要再在我面前表现得"乖巧"了。

## 成人依恋访谈

安斯沃斯带出了很多博士生，他们继承了她的衣钵，此外，依恋理论学派还诞生了新一代的研究者，其中包括西尔维娅·贝尔（Silvia Bell）、玛丽·梅因、罗伯特·马文（Robert Marvin）、玛丽·布雷（Mary Blehar）、英格·布雷瑟顿（Inge Bretherton）和埃弗里特·沃特斯（Everett Waters）等人。

在"陌生情境测试"问世数年后，一些研究人员编制了一项半结构式访谈，该访谈旨在研究成年人的依恋模式，这就是"成人依恋访谈"。它最初是由卡罗尔·乔治编制的，这是她的博士学位研究项目的一部分。在对这些问题进行了分析之后，她并没能成功证明任何重大假设。但随后梅因和戈尔德温采用了一种话语分析（discourse analysis）的方法，把母亲们对自身童年经历的讨论拿出来逐字逐段进行分析，并从中判断出母亲的依恋类型。利用这种定性研究方法，他们发现，母亲的依恋类型与婴儿在随后（一岁时进行）的"陌生情境测试"中的行为表现之间存在显著的正相关。这一发现促成了 AAI 的诞生。

在梅因和戈尔德温制定的评估标准的基础上，梅因和所罗门又做了进一步的完善，将从"成人依恋访谈"中得到的回应分为四类，如下所示：

- 安全型或自主型；
- 冷漠型；
- 焦虑型；
- 未解决型。

AAI 评估需要训练有素的访谈者，因为他们必须有能力分辨访谈对象的叙述中有哪些是前后矛盾的，又有哪些是无关紧要的，是有意义的还是许多言语的堆积，是条理分明还是一团乱麻，是事无巨细还是泛泛而谈，是情绪泛滥还是明显克制，是证据确凿还是空口无凭。我记得我问过海伦（出现在第四部分的个案分析中），她是否能给我举出一个例子，证明她的母亲确实如她所言那样爱她，她唯一能给出的例子是："她为我们做了很多针线活。我的很多衣服都是她做的。"

访谈者经常发现，那些沉溺于过往、与往事纠缠不清的人一说起来就没完没了，好像完全停不下来，因为他们的故事充斥着无关紧要的细枝末节和未经处理的情绪，但这些细节和情绪既无帮助也无新意。

正如我之前所说，访谈者试图在被访谈者身上寻找一种自传能力，这种能力通常只存在于那些安全型依恋模式的人身上。

福纳吉及其同事在 AAI 这个领域继续做了更多的研究，并取得了不少的进展。他们在孕妇临产前对她们做 AAI 访谈，并据此判断出她们的依恋模式。当她们的孩子一岁的时候，再利用"陌生情境测试"来确定婴儿的依恋模式，然后将母亲与婴儿各自的结果进行比较。研究人员得出的结论是，婴儿会形成什么样的依恋模式深受母亲的"反思功能"（reflexive function，RF）的影响。如果母亲有足够的反思能力，孩子就有可能形成安全的依恋模式；如果母亲不具备这个能力，孩子则有可能形成不安全依恋模式。

杰里米·霍姆斯认为，如果个体在被生活深深伤害之后仍能发展出"反思功能"，表明他拥有"挣得安全感"。这与我对"习得安全感"的理解并不完全一致。我认为，如果来访者能够在心理上拥有一个"安全基地"，一个在他们感到焦虑或压力时可以回去寻求安慰的地方，那"习得安全感"就是存在的，只不过由于某些创伤体验，他们以往并没有体会过这种安全感。如果个体能够与治疗师、挚友或终身伴侣建立起牢固、持久、亲密的关系，"习得安全感"就会如期而至。所以，我认为"习得的安全状态"正是这种关于"安全基地"的体验，而不是什么"反思功能"。有可能是因为个体拥有了"安全基地"的体验，于是随之发展出了"反思功能"，但我不认为后者是决定性因素。这也是为什么我不将这个概念命名为"挣得安全感"的另一个原因，因为它涉及的是一个完全不同的概念。

为了搞清楚研究人员（特别是在美国）所称的"持续的安全型"（continuous-secures）和"挣得的安全型"（earned-secures）之间的关系和区别，研究人员已对此做了大量的研究。"持续的安全型"指的是那些和父母（或代替父母的养育者）之间的关系富含养分、稳定一致，因而在依恋中感到安全的人。拥有"持续的安全型"依恋的人通常可以完整、连贯地讲述童年经历，不会沉溺于情绪中无法自拔。相比之下，拥有"挣得的安全型"依恋的个体通常在缺乏持续关爱的家庭或社会机构中长大，不过他们似乎在成年后得到了修复，获得了一种安全型关系模式，因而也能够平心静气地谈论自己的童年。所以，这两种依恋类型的人都能够把安全的依恋模式传递给下一代。不过，尽管他们都能把孩子照顾得很好，能提供安全的依恋，但研究表明，"挣得的安全型"这种依恋模式与成年后发生抑郁的概率之间似乎存在正相关。那么，问题来了，这些"挣得的安全型"的人是真的有一个辛酸的童年，还是试图用这样的说辞来为自己辩解？因为他们的人生态度是抑郁、悲观或消极的，有的人还有明显的外归因倾向。

由此我们可以看出，在过去十年中，"挣得安全感"一词在依恋理论流派中是比较普遍的说法。虽然我认为有必要将这一研究领域指出来，但我并不认为研究人员在使用"挣得安全感"一词时所指的概念与我在使用"习得安全感"一词时的所指相同。

后鲍尔比时代的另一项研究是由莱昂斯 - 露丝（Lyons-Ruth）和雅各布维兹（Jacobvitz）开展的，该研究涉及婴儿与母亲沟通的另一个方面。他们的研究旨在探测母亲是否有能力修复与孩子之间出现的裂痕。她是否能够敏锐地察觉到亲子关系出现了裂痕，并且不会简单地将之归结为孩子的任性或"淘气"，也不会等闲视之？她是否对自己着手修补裂痕的能力有足够的信心？这种方法在依恋理论研究领域被称为 AMBIANCE。

此外，家长发展性面谈（Parent Development Interview，PDI）是作为AMBIANCE 的副产品而编制的。它的目的是评估母亲的"反思功能"与她在 AMBIANCE 的得分之间的相关性。当亲子关系出现裂痕的时候，母亲是否具有"心智化"的能力非常重要，这决定了她是否能发现、理解并修复这道裂痕。

"心智化"的概念与上面讨论的所有研究都有联系，这个概念实际上最大限度地利用了一个人的反思能力。"心智化"是由彼得·福纳吉（Peter Fonagy）及其合作者提出的。所谓拥有"反思功能"，实际上是使个体能够暂时从眼前的情境中退步抽身，对自己的想法做一番仔细思量，并能够清醒地意识到其他人可能有不同的想法。因此，具有"反思功能"的母亲可能会利用这种能力感同身受地去理解婴儿。下一章我将仔细讨论这个话题。

第 3 章

# 心智化：鲍尔比之后依恋理论的发展

正如前一章所述，依恋理论发展的第三阶段出现于 20 世纪 90 年代，当时伦敦大学学院的彼得·福纳吉、米里亚姆·斯蒂尔（Miriam Steele）、霍华德·斯蒂尔（Howard Steele）及美国的玛丽·梅因及其同事进行了一系列实验研究、理论研究和临床研究。他们编制了成人依恋访谈，用来了解那些即将为人父母者的主要依恋模式，以及这些依恋模式如何形成、在日常生活中又如何体现，并据此对他们的心理状态进行分类。然后再利用玛丽·安斯沃斯设计的"陌生情境测试"，对这些父母养育的婴儿进行观察，判断这些婴儿的依恋图式。最后再将得出的两个结果进行比较。

　　这项研究有赖于照顾者对思维的认知能力，也就是说，他们能够把自己和婴儿的种种想法视为对万事万物产生的主观知觉，而不是客观的"事实"或"现实"，并认识到所有人都有七情六欲，也会有各自的主观想法。

简而言之，这就是所谓的拥有"反思功能"。

研究人员发现，"反思功能"和依恋中的安全感（或不安全感）是可以代际传递的。这与我在前一章中提到的霍姆斯对"挣得安全感"的定义是一致的。确实，正如霍姆斯所言，焦虑是心智化的敌人。之所以这样认为，是因为当一个人感到焦虑时，他的大脑就会被焦虑的想法填满，导致他无法清晰地思考，或者更确切地说，无法清晰地意识到自己的想法，也无法抽离出来冷静地分析自己的想法。精神分析或精神分析心理治疗使来访者能够用言语将自己的想法表达出来，其中一些想法是一直停留在意识层面的，另一些则一直被埋藏在潜意识深处，直到治疗师介入干预，它们才被意识到。所以说，精神分析治疗用这样的方式帮助很多人产生了"心智化"过程。

"反思功能"这一概念成为福纳吉研究小组的指导原则，他们与艾伦（Allen）以及其他人一起进一步发展了"心智化"的概念。这一概念能得以问世，福纳吉、塔吉特（Target）、杰尔杰伊（Gergely）和贝特曼（Bateman）功不可没。简而言之，"心智化"指的就是"思尔所感，感尔所思"（thinking about feelings and feeling about thinking）的过程。

我非常欣赏杰里米·霍姆斯对"心智化"的定义。他说，"心智化"就是"将心比心"，是一种从他人角度看自己、从他人角度看他人的能力。不仅如此，它还能让我们认识到，所有的人类经验都是心智过滤后的产物，因此，所有的感知、欲望和理论都具有时效性。

福纳吉的研究小组之所以致力于开发"心智化"技术，主要是希望用它来帮助那些患有边缘型人格障碍的来访者。迄今为止，这种精神障碍一直被归为疑难杂症，标准化治疗（包括药物治疗和谈话治疗）对 BPD 患者收效甚微。业界认为，如果能够提高 BPD 患者的"心智化"能力，或许就能改善他们的社会功能。正如我前面提到的，有研究表明 BPD 患者的"心智化"能力通常很有限，这可能是因为他们的父母本身就缺乏"心智化"能力，或者因生活的磨难、创伤以及混乱的依恋模式而无法超越自身经验去进行思考。

不过我想强调的是，提高"心智化"能力对我们所有人都很重要，尤其是那些平常需要用到共情技巧的人。对我们的来访者也很重要，利用"心智化"，即使不在咨询室里，他们也能随时随地想起我们，音容笑貌宛在眼前，这种体验对他们而言可能是平生首次。这项技能有助于弥补他们在发展过程中由于没有体验到"安全基地"而产生的发展缺陷。

## "心智化"简介

"心智化"包括三个阶段：

1. 伴随着某种感受的思考；
2. 觉察到思考和感受的内容；
3. 对觉察到的思考内容进行思考。

霍姆斯向我们描述了一个适用于"心智化"过程的五阶段模型，我认为该模型非常有用，这五个阶段包括：

1. **对自我的"心智化"**：觉察到自己的感受；
2. **对他人的"心智化"**：觉察到他人可能的感受；
3. **对自我→他人的"心智化"**：觉察到自己对他人的感受；
4. **对他人→自我的"心智化"**：觉察到他人对自己的感受；
5. **对自我⇆他人的"心智化"**：从第三方视角觉察到自己与他人的互动。

接下来以我为例，告诉大家当我乍然听到母亲去世的消息时，我的"心智化"过程。

那是 12 月的一个晚上，我正在外地度假，突然接到姐姐的电话。当时她心神大乱，语无伦次地告诉我，她认为我们的母亲可能已经去世了。之所以无法确定，是因为警方不能确认这一"事实"，但一位朋友告诉她，母亲是在一家酒店吃完午饭返家途中，在出租车上过世的。

**第一阶段：对自我的"心智化"。**我意识到自己的惊骇和悲伤，以及那一刻的完全不知所措，还有一点生气，因为相关信息不清，导致情况不明。

**第二阶段：对他人的"心智化"。**在接下来的数小时内，在姐姐转天早上的第二通电话之前，我意识到姐姐可能沉浸在悲痛与自责中，因为自从我的父亲在 11 个月之前去世后，她一直是我母亲的主要照顾者。而且，和我不一样的是，当时她也在现场，这无疑会让她感到自己负有责任。

**第三阶段：对自我→他人的"心智化"。**第二天早上和姐姐说话时，我意识到自己为她感到难过，因为警察显得那么没用，他们不愿确认母亲的死亡，不负责任，整个过程一点忙也帮不上，导致她在大约 24 小时的时间内连母亲是生是死都无法确定。这样的处理方式连我都替她感到恼火。

**第四阶段：对他人→自我的"心智化"。**我意识到那时姐姐的感受，她肯定觉得我在她最需要帮助的时候袖手旁观。家里人都认为我是子女中最有本事的一个，在这个关键时刻却完全帮不上忙，因为我远在几千里之外。

**第五阶段：对自我⇆他人的"心智化"。**我不知道，当我和姐姐陷在各自的悲伤中时，是不是都有一种孤立无援的感觉。我认为这是因为我们远隔千里，只能各自以不同的方式体验母亲的死亡。当母亲的葬礼终于举行的时候（有意思的是，由于圣诞节和新年假期，又隔了很长一段时间），主持葬礼的牧师在葬礼上犯了一个错误，他忘记读我们写的悼词。这一疏忽使我们再次团结在一起，共同体验到了恼怒、失望和遗憾。

# 治疗师的"心智化"能力

对大多数治疗师来说，一旦坐上咨询室的椅子，就能够先将自己的私人事务暂时放置一边，而将全部心思放在来访者的世界上，这是我们的工作常态。简而言之，在与来访者一起工作的时候，我们能够仔细思量自己在想些什么，即意识到自己的想法，意识到自己对这些想法的感受，并意识到来访者可能会有的感受，以及他们对我们的感受。在治疗时段里，在必要的时候我们能够抽离出来，如同在上空俯瞰全局一般，监控自己与来访者的互动。

然而，在状态不好的时候，或者当我们对来访者的移情有自己的反移情反应时，我们可能会陷入自己的体验与感受中。在这种情况下，我们会纠结于自己如乱麻一般的思绪，几乎不可能从"第三方"的视角来审视全局。

多年前，在我的个人治疗中就发生过这样的事情。我的治疗师和我一样，会时不时地想起当时的情景并从中吸取教训。当时我正向他描述与我的小女儿相关的一段经历，她在大学宿舍里遇到了非常不好的事情。对女儿来说那是一个非常糟糕的时刻，但我的丈夫却完全不能感同身受地理解她。女儿当时病得很重。我认为自己应该居中调停父女俩的矛盾，就像哈特利（L.P.Hartley）在小说《中间人》（*The Go-Between*）中以精彩细腻的笔触所刻画的那个与我同名的角色一样。我希望治疗师能帮助我让那对父女握手言和。当然，我向他提起过丈夫和女儿之间的关系，那时候他们正闹得不可开交。我的讲述激发了治疗师的反移情反应，我怀疑这是因为该事件唤醒了他对他的女儿或继女的维护之情。他给我的回答充满了对我女儿的共情，却无视了我在那种情况下的感受。在不知不觉中，治疗师因个人感受而产生了反移情，妨碍了他的"心智化"。相比之下，在最近我们谈到某件事的时候，他就能够以治疗师的立场这样对我说："我关心的是你，又不是你的丈夫或女儿。"

对我的治疗师来说，那一天发生的事情是一个深刻的教训，帕特里克·凯斯门特（Patrick Casement）在他振聋发聩的力作《向病人学习》（*On Learning from the Patient*）中也描述了这样的情形。最宝贵的教训往往是在来访者的陪同下，在我们处理并承认自己的错误时获得的。我想说的是，不只是我的治疗师从上述经历中吸取了教训，我也一样。作为治疗师，我们都有可能再次犯这个"错误"，正如我们时不时会为强大的反移情所困那样。

## "心智化"受损

在那些早年遭受过严重的情感虐待、躯体虐待或性虐待的个体身上可能会呈现出"心智化"受损的现象。幼年的受虐经历可能（只是说可能，并非必然）导致个体出现我所说的"过度唤醒"（hyper-arousal）状态。

当个体缺乏区分想象世界和现实世界的能力时，"过度唤醒"就会发生。此时，治疗师往往以为来访者描述的可能事件实际上已经发生，并将之视为悲剧。而事实是，某些个体有一种"等价"倾向，意思是当某个东西"好像"是另一个东西时，他们意识不到这只是比拟，而是把两者等同起来。举个我在工作中遇到的例子。曾经有一位来访者对我大发雷霆，理由是我咨询室里的花都死了！这对她来说很重要，因为在她看来，如果这些花儿要死了，就相当于我在任由她在我的照顾下死去。她不明白那些凋谢的花朵只是一种象征，象征着那些困扰着她的恐惧。这种"等价"观会导致个体在认识事物时有一种"灾难化"倾向。如果详细加以分析，你就会发现，当个体完全意识不到"好像"的比喻意义，把想象中的事情当作确实发生的事情时，往往是因为当时情境中存在某种不易察觉的刺激。通过分析，我们可以追溯那个与最初的受虐经历相关的刺激，该刺激可能就是让个体感到极度内疚的根源。他们可能从未对任何人吐露过这种内疚，除了治疗师。

有一种方法可以控制这种"过度唤醒"，就是让那些有受虐经历的个体在心理治疗中找到一个"安全基地"或亲密伙伴。这个"伙伴"会给他们带来安抚，进而控制"过度唤醒"。个体会慢慢停止将想象事件与现实事件混为一谈，从沉迷的相关剧情中走出来。

如果听到自己说出类似"肯定是这样或那样"的话，或者用类似戏剧化的方式来解释一切时，你就应该警觉到危险了，因为这意味着你可能有将生活"灾难化"的倾向。

## "心智化"的条件

尽管治疗师竭力想让自己在任何时候都能做到"心智化"，但真正做到并不容易。大多数人往往在本能的、无意识状态下使用"心智化"技能，所以他们并不清楚具体的过程。例如，很少有人会刻意去想："今天早上我对朋友不满，她可能也很烦我，这是怎么回事？"大多数人通常是受直觉引导的。例如，凭直觉判断是否信任某个朋友并借钱给他，凭直觉判断这样做是否明智。

心理咨询师和治疗师则是有计划、有意识地运用"心智化"技能（尽管他们很可能不这样命名该过程）。他们把它当作一种技巧，帮助他们对来访者面临的难题和困境产生更为感同身受的理解。以我的经验，它不仅可以帮助我设身处地理解来访者，还帮助我觉察到来访者对我这个治疗师可能有什么感觉，以及我可能对他产生什么样的影响。

当处于高度唤醒的情绪状态时，"心智化"会变得特别困难。例如，几年前当女儿病重到我以为她要死了的时候，我发觉自己在理解来访者的心理问题和处境时遇到了困难。我当时太焦虑了，无法集中全部心思和精力考虑他人的问题，于是我决定暂时歇业。这就是为什么《英国心理咨询和治疗协会伦理规范》（*BACP Code of Ethics*）告诫我们，作为治疗师，我们一定要时刻监控自己的健康状况，保证在精神状态和身体状态都适合的情况下执业。如果在精神上或身体上都不能保证将来访者的需要放在第一位，最好适当地休息一段时间。

很多情况可以让人在一段时间内失去"心智化"能力。在精神科工作的时候我就注意到，每天都在和边缘型人格障碍患者打交道的医生和护士可能会短暂失去"心智化"能力。这种暂时性失去"心智化"能力的例子在各种期刊和网站上屡见不鲜。

## 比昂理论与"心智化"

比昂提出了"α 元素"和"β 元素"这两个重要概念，还将"思想"和"产生思想的装置"区分开来。他把对思想进行思考的能力称为"α 功能"，而"β 元素"则是"还没得到思考的思想"。"α 功能"可以把"β 元素"转换成"α 元素"，然后我们就可以对"β 元素"进行思考了。

那么，治疗师在这个过程中起什么作用呢？治疗师帮助来访者将"β 元素"表达出来，它们通常是关于丧失、挫折、拒绝、遗弃、痛苦、内疚、羞愧和悔恨这些主题的。在一个包容性的环境中，当个体把这些感受用言语表达出来时，它们就好像被"清除了毒素"一样，变成了"α 元素"。就像温尼科特所描述的母亲那样，抱持着婴儿并将那些他无法接受的感觉——"内摄"到自己心里，然后将它们以一种可接受、可控制的形式返还给他。而作为治疗师，我们要做到的是，在一个包容性的治疗环境中，将来访者用言语表达的情绪转换成可理解、可接纳的形式，从而遏制来访者身上那些他们想逃避或诉诸行动的无意识冲动。

霍姆斯对比昂提出的"K"和"-K"的概念进行了探讨，将比昂的理论与"心智化"进一步联系起来。"K"代表"知"，"-K"代表"不知"。比昂认为，这种"不知"来自"对链接的攻击"（attacks on linking，指俄狄浦斯期幼儿对父母房事的憎恨）。他认为焦虑会让个体对自我的探索陷入停滞状态，因此，治疗师要做的就是在个体被恐惧占领（也就是焦虑的结果）时指出这种恐惧并消除它，让个体继续对自我进行探索。

"心智化"其实就是获取"α元素"的过程，它使我们能够将所爱的人放在心上，随时随地都可以清晰地想象他们的音容笑貌。在治疗师去度假的时候，那些与治疗师保持深度移情关系的来访者会想象与治疗师在一起的情景，利用"心智化"过程，他们可以将她细致入微地印在脑海里，反复思量她的一言一行、一颦一笑，思考她对自己的想法，想象和治疗师在一起时的互动，想象互动过程中会发生什么，以及会产生什么样的感受。我们将在尼克、艾玛、简和海伦的个案分析中看到这一过程具体是如何进行的。现在他们所有人都可以在我和他们分开的时候（假期和周末）毫不费力地想象我的样子，而这在治疗早期是很难实现的。

这一过程与"内化"过程（另外一种说法）相似，或者用治疗师的专业术语来说，即"你内心有了一个内化的我"。当长程治疗结束时，来访者就不再需要治疗师日常充当他的"安全基地"了，因为治疗师帮助他们完成了重要的"内化"过程，让来访者有了一个治疗师的内部表征，可以在想象中与治疗师进行讨论，并直觉地知道治疗师会怎么答复。到了这个阶段，治疗就可以结束了，因为来访者已经不再需要一个"安全基地"的真实、具体的表征了。

我还认为，治疗师的一个重要作用就是帮助来访者发展他们的"心智化"能力。在我看来，会在"心智化"过程中遇到困难的可不止 BPD 患者。以我的一个新来访者为例，上周她提到了自己在一段相对较新的关系中遇到的难题。前不久，她的男朋友发现自己不由自主地从他家走到她家，像梦游一样，拒绝她给他吃的任何东西，却脱口而出说自己想去上成人大学，因为他想换一份工作。我的来访者对这种情形非常困惑，因为他的行为和想法让她觉得莫名其妙，就像凭空冒出来的一样。她担心他其实是想来结束这段关系的，也就是说，由于焦虑，她完全是从自己的角度去看这件事情。焦虑使她无法"心智化"，无法换位思考，也无法从第三方立场去仔细思考两人的谈话。我设法让她从焦虑中走出来并具体分析当时的情况，冷静下来之后，她就想明白了，男朋友在为难的时候来找她，证明他开始将她视为"安全基地"，这与她所担心的他想终止双方感情的猜测完全相反。实际上，他是来和她讨论未来的——这是对她的认可。但当时她的焦虑让她暂时失去了平常的"心智化"能力。

在英国，"心智化"是一个新出现的词（也就是说，是一个刚刚开始使用的新词，只有少数人理解其意义）。但是，"操作性思维"（可操作的、机械化的思维，不带感情色彩）这一概念在法国已经出现很长一段时间了。它与"心智化"完全相反。在英语中，患有述情障碍（alexithymia，指不能用言语表达自己的感受）等同于不能"心智化"。例如，当我们还是婴儿（尚不会说话）的时候，或者受到惊吓的时候，或者处于丧亲之痛的第一阶段的时候，通常我们或多或少会有述情障碍。当我们无法用言语将感受表达出来的时候，就会倾向于用行为来替代，这种"行动化"可被视为一种回忆和重复。25 年前，在我接待的第一批来访者中，一位年轻女性就表现出了这种症状。她陷入了一种恶性循环，不断重复以性为目的的短暂恋情，虽然没有从中得到任何好处，她却沉迷其中无法自拔。在一段相对短程的心理动力治疗之后，她开始意识到，青少年时期曾被性侵的经历导致了她认为自己只是一个"性工具"，被人使用，然后被抛弃。因此，她在无意识中回忆和重复某种行为模式，希望能出现不同的结果。也许她希望一个白马王子会飞奔而来，救她脱离苦海，却终究未能如愿。在与来访者的共同努力下，我们为她设计了一个完全不同的人生和形象——成为一个把命运掌握在自己手中、活得鲜活恣意的人。在治疗结束的时候，她将自己描述为一只破茧而出的蝴蝶，已经准备好迎接自己的余生！我永远不会忘记那个来访者，感谢她让我学到了很多。

## 结束语

我希望这一章能让读者意识到，帮助来访者提高"心智化"能力非常重要。对我们这些在日常工作中需要用到共情技巧的人来说，"心智化"无疑增加了我们对"他人"观点的理解，完善了我们与来访者合作的能力，帮助我们更好地理解他们的体验。"心智化"还能帮助来访者将治疗师"内化"，即使他们不在咨询室中，治疗师也如同在他们眼前。

在下一章中，我们将继续讨论依恋理论的另一个概念，该概念是在过去十来年中出现的。在前面讨论依恋理论领域的各项研究时我提到了其中的一些细节。"挣得安全感"和"习得安全感"这两个概念正是我写本书的动力所在。事实上，本书接下来出现的所有想法都由"安全感"这一概念而来。

04 ATTACHMENT THEORY
Working Towards
Learned Security

第 4 章
"挣得安全感" 和
"习得安全感"

## 新兴概念：挣得安全感

从业以来，所有与依恋理论相关的文献、与依恋疗法相关的研讨会都是
我密切关注的对象，在过去十年里更是如此。近期最让我着迷的概念
就是"挣得安全感"，在第 2 章中我曾略有提及。它低调问世，从没有被大
张旗鼓地宣传过，目前仍处于缓慢发展中。其实，就在我写下这些文字的
时候，有一场主题为"挣得安全感"及依恋理论主要原则的晚间研讨会正
在举行，主持人是杰里米·霍姆斯。

　　早在几年前，我就对这个概念产生了兴趣，因为实际上是它"召唤"
了我。在第 2 章中我提到，根据被调查者的不同反应，研究人员将他们归
为"持续的安全型"和"挣得的安全型"两大类，而"挣得安全感"一词
就来源于此。从接触这个概念起，我就对它念念不忘，因为在一定程度上，

"挣得安全感"一词可以用来形容我一直在使用的一种治疗方法，这种方法可以帮助来访者在"内在工作模型"或"组织结构"中实现重大改变。但我一直没想过要给这种方法贴一个"标签"，直至我看到"挣得安全感"一词。

## 如何产生"挣得安全感"

作为治疗师，该怎么做才能帮助来访者产生"挣得安全感"？这个问题的答案，就是依恋理论及依恋疗法最新发展的核心所在。让我惆怅的是，虽然在很多地方都可以看到对"挣得安全感"的简要提及，但关于如何帮助来访者产生"挣得安全感"，除了我下面要讨论的两本书外，几乎找不到任何详细具体的描述。

不过，对自己一直以来为追溯"挣得安全感"一词所做的努力，我认为是值得的。对于它的出现，我能追溯的最早时间是 2002 年，似乎是源自一些研究资料，研究目的是调查"持续的安全型"和"挣得的安全型"之间的差异。正如我在第 2 章中所描述的，所谓"持续的安全型"是指那些因父母提供了"安全基地"而拥有安全依恋模式的人，他们也因此能够在一个安全的环境中养育自己的孩子。相比之下，"挣得的安全型"则是指那些在成长过程中经历过一些发展缺陷的人，不过，通过努力他们同样能够以某种方式让自己的孩子体验到安全型依恋。虽然研究资料并没有说清楚他们是如何做到的，但肯定也没有明确说明这是心理治疗的结果（我的理论也是如此）。也许杰里米·霍姆斯是想以这些人是如何获得"反思功能"为重点来对"挣得安全感"做进一步的解释，尽管他并没有指出这种"反思功能"就是接受长程心理治疗的直接结果。

在安德鲁·奥杰斯（Andrew Odgers）编著的《从破碎依恋到挣得安全

感：移情在治疗改变中的作用》（*From Broken Attachment to Earned Security: The Role of Empathy in Therapy Change*）一书中，可以看到与"挣得安全感"相关的最佳治疗案例。这本文集是为"约翰·鲍尔比纪念年会"而编撰的专题著作，汇集了多位精神分析学家和精神分析治疗师在年会上提交的论文。我对其中几章特别感兴趣，它们分别由简·海恩斯（Jane Haynes）及其来访者哈里·怀特黑德（Harry Whitehead）、治疗师埃莉诺·理查兹（Eleanor Richards）和阿纳斯塔西娅·帕特里克（Anastasia Patrikiou）所撰写。每一章都详细描述了治疗师和来访者之间的互动。我认为，作者在选择这些临床资料时，目的就是希望读者能从文章描述的互动过程中了解到，有哪些方式可以让来访者获得（或不能获得）"挣得安全感"。

第二本关于"挣得安全感"的著作是由杰里米·霍姆斯撰写的，题为《对安全感的探索：不同依恋类型的精神分析心理疗法》（*Exploring in Security: Towards an Attachment-Informed Psychoanalytic Psychotherapy*）。书中重点介绍了一些能让来访者产生"挣得安全感"的治疗手段。例如，霍姆斯强调需要发展"二人私用语"。所谓"私用语"指的是只在治疗师和来访者之间使用的语言，是他们特有的简洁交流方式。"二人私用语"有助于在两人之间形成情感联结，我认为这是"挣得安全感"的核心。举个例子，我有一个来访者，每当我们讲到诸如羞愧、内疚等情绪时，他就会感到浑身不自在，我们对此的描述是"就好像一个人志得意满地走在大街上时，却突然意识到自己在羊绒大衣下不着寸缕"。当然，这只是一个比喻，是我们私下里创造的一种表达，目的是让他能够真切地接触到某种让人难受的情绪。隐喻通常具有这种力量，因为它们表达的是"好像"的意思。"不着寸缕"这一比喻就是我们之间的"二人私用语"，除了我们俩之外，任何人都不会理解它真正想表达的含义。

在这本书中，霍姆斯谈到了让来访者对治疗师产生依恋的过程。在另一本书的某一章中，他描述了一种通过合作使治疗师和来访者都获得"自传能力"的方法。他风趣地指出，治疗师的真正力量在于其提供安全依恋体验的能力。在谈到情感调谐的必要性时，他提出了治疗关系"破裂"（rupture）的现象，并认为这是治疗过程中一个不可避免的阶段。霍姆斯和萨夫兰、穆兰都认为，"破裂"是怎么造成的并不重要，重要的是一定要得到修复。而如何修复，则需要治疗师的耐心与包容，需要治疗师在来访者面前放下防御。

关于"破裂"，我想以自己的亲身经历为例。有一次，我在电话中给我的治疗师留言，向他寻求帮助。他利用接待两个来访者的空当回复了我，但我对他的回答非常不满意。当时我非常恼火，因为我体会到了"被抛弃"和"客体丧失"的感觉，认为他对我缺乏理解，我们之间没有情感联结。这导致了我们的关系破裂，在第二天的治疗会谈中，我非常生气地抱怨他前一天对我的反应。开始的时候，他稍微有点防御，因为他试图把自己的行为合理化，说他需要在接待来访者的间隙留一些属于自己的时间，以便处理来访者在治疗中呈现的一些内容。我向他指出，既然这样，他最好不要在接待来访者的空当看手机、在其他时间回信息。他爽快地承认我说的做法更明智，并说自己已经从这件事中吸取了教训。此时他已经放弃了防御，我们双方都从错误中吸取了教训，正如凯斯门特所建议的那样。从那以后，我从不在治疗时间以外给他打电话，他也不在休息时段打电话或接电话。

如前所述，在他的书中，霍姆斯将一些与"挣得安全感"相关的概念巧妙地结合在一起。在我看来，这本书为奥奇斯编著的书中所收录的案例报告提供了理论支持。不过我发现，关于如何在咨询室中帮助来访者产生"挣得安全感"方面的文献较少。因此我才跃跃欲试地想写一本书，希望它能让读者更清楚地了解这一点。在第 12 章中，我将详细描述我认为治疗师应该如何做以及需要运用哪些技巧才能帮助来访者增加"习得安全感"。

# 相关概念的新名称：习得安全感

大家可能已经注意到，刚才我提到了一个明显不同的名词"习得安全感"，用它来指代之前被称为"挣得安全感"的概念。之所以如此，有几个具体的理由。最重要的是，在"挣得安全感"概念和我提出的"习得安全感"概念之间，有很多不同之处。不管怎么说，这两个概念仍然在各自发展。当然，我完全不否认，"习得安全感"这一概念得以产生，那些提出"挣得安全型"这一重要理念的人功不可没。不过，我已经超越了霍姆斯和奥奇斯对这个概念的讨论。正如前面提到的，霍姆斯认为，"挣得安全感"是当个体发展出"反思功能"才产生的，尽管该个体在童年时期经历了不利的发展环境。我之所以要换一个"标签"，第一个原因就是，我不认为"习得安全感"纯粹是个体发展出"反思功能"的结果。

我要给这个概念更名换姓还有很多其他的原因。首先，很简单，我觉得"习得安全感"是一个更合适的标签，因为我相信，来访者之所以能获得"安全基地"的感觉，实质上包括两个过程，一是摆脱旧的思维、行为和感觉模式；二是习得一种能让他体会到"习得安全感"的主要依恋模式。从本质上看，这是一个"习得"的过程。"挣得"一词准确地表明，因为拥有"心智化"能力，来访者经历了一番改变的过程；但形容词"挣得"暗示一个人凭借自己的努力取得了改变，就应该得到奖励，而其他人可能没有那么努力，所以不配得到奖励。我总觉得这样的比较是五十步笑百步。当然，我可能有点吹毛求疵了。相比之下，在获得"习得安全感"的过程中，个体确实必须主动前来求助，并接受一段时间的治疗，但咨访双方不一定要明明白白地把整个过程讲出来。正如我刚才想要力证的观点，"习得安全感"一词确实意味着有两个人参与了这一过程——一个是"教师"(治疗师),另一个是"学生"(来访者)。

更重要的是,"习得安全感"理论在本质上就是不同的,因为它是一个整合性理论,它囊括了我心目中所有可使其成为一种杰出疗法的元素。在本书的第三部分中,大家可以看到,"习得安全感"理论并不纯粹是对依恋理论的进一步发展,而是在尽力对三种不同理论进行整合。我稍后将详细描述依恋理论之外另两种理论的基本概念,我将它们与依恋理论结合起来,成为一种整合性理论。它们都来自关系取向的精神分析,分别是科胡特的自体心理学和史托罗楼及其同事提出的主体间性理论。我会先对支持这两种理论的核心观点做一些必要的介绍,然后说明这两种理论是如何与依恋理论整合到一起的。例如,"合作"(collaboration)和"共建"(co-construction)的概念主要来自主体间性理论,我认为,在获得"习得安全感"的过程中,这两个概念是不可或缺的部分。

那么,为什么我要不辞辛劳地进行理论整合,提出这种旨在帮助来访者获得"习得安全感"的疗法呢?该疗法的基本意义何在?在本书的第三部分和第四部分中大家会看到,我的每一次治疗几乎都是以依恋理论为基础的。简而言之,我的观点是,在治疗过程中,治疗师最重要的目标就是与来访者建立一种关系,在这种关系背景下,让来访者平生首次亲身体验到拥有"安全基地"是何种感觉。我认为,要实现这个目标,治疗必须是相对长程的,至少3年以上。治疗师必须亲身向来访者示范一段关系,在这段关系中她是绝对可靠、可信、稳定、诚实、开放、共情的。当我说绝对"可靠"的时候,并不是说治疗完全不能中断,但如果必须中断一段时间,治疗师应该对来访者坦诚相告并和他商量好,还要给来访者一个紧急联系方式,同时做好实在联系不上时的安排。治疗师要和来访者谈谈万一治疗中断的情况及其影响,这是治疗安排中必须考虑进去的部分。每次治疗应该按时开始和按时结束，这样，来访者才能对"他的时间"形成清晰的概念。除了一些情有可原的意外，每周的治疗时间或次数应该是固定的。说到"稳定"，不仅指治疗时间和治疗长度要固定不变，还要求治疗师对待来访者的态度始终如一，情绪始终稳定，举止前后一致。还应该注意的是，无论来访者每一次的谈话内容是否有意思，治疗师都要凝神倾听，对这些内容给予应有的尊重，因为既然来访者愿意把宝贵的治疗时间用来谈论它们，那它们对他而言一定很重要。至于投入的意愿或情况，我想有必要指出的是，作为一名治疗师，我们不能在治疗谈话中因自己的心事而走神（更别提完全心不在焉）。治疗师要密切监控自己的工作能力，如果因为个人遇到的困难或内部心理冲突而无法专注工作，那就应该与来访者商量暂停治疗。"共情"是让治疗起作用的必要条件。治疗师应设身处地去理解来访者，以达到感同身受为目标。记住，即使治疗师遇到了和来访者类似的情况，她受到的影响也可能完全不一样。最后，我想强调的是，为了让来访者感受到深刻的情感联结，治疗师必须始终与来访者在情感层面保持同步，并努力营造一种友好互动的氛围。

研究表明，治疗师只是觉察来访者的感受并将自己的理解传达给对方是远远不够的。她必须帮助来访者学会自我调节情绪，而要做到这一点，她首先要做的是替来访者调节情绪。治疗师还要帮助来访者产生情感上的自主性。所谓自主性，是指个体的所有选择应以将人生掌握在自己手中为目的，并不是指要拒人千里之外或避免依赖他人。

为了使来访者获得自主性和自我调节能力，治疗师必须表现出"一切尽在掌握"的大师风范。我的意思是，治疗师要用事实向来访者证明，无论来访者将什么扔给她，她都能从容应对并继续为来访者提供一个"安全基地"。

当治疗关系不可避免地发生"破裂"时，治疗师必须具有修复能力，这样才能让来访者得到令人满意的结果（与治疗师保持稳定的情感联结，知道自己有一个"安全基地"）。这一点我们在前面已经讨论过了。

我相信，良好的治疗体验能使来访者逐渐学会如何自我调节情绪。那些安全型依恋的个体是在幼年与母亲的互动中逐步学会这一点的。他学会了如何处理那些激烈的情绪，无论是因兴奋而产生的虽属正性但让人不知所措的情绪，还是紧随巨大丧失而至的强烈的悲伤和愤怒。他逐渐学会了消化这些情绪，不让自己被它们打倒，也不让它们影响自己的正常工作和生活。这样的能力是在他感觉到自己对母亲的感受和反应拥有强大影响力的过程中形成的。例如，当孩子微笑时，母亲会以愉快的表情和肯定的微笑做出回应，这让孩子获得了掌控感，也就是说，他感觉自己可以控制环境，影响全局。他还在与母亲的互动中认识到，不管他扔给母亲的是什么，母亲都可以承受并"幸存"下来。正如温尼科特所说：母亲的脸是一面镜子，孩子从中第一次看到了自己。

至于那些无法从"安全基地"得到慰藉的来访者，则需要通过治疗关系获得这种能力。属于不安全 - 回避型或不安全 - 矛盾型依恋的来访者就是如此。他们可能没有直接表达愤怒的勇气，只能用隐蔽的方式来表达，例如，在治疗师休假回来后取消预约、故意迟到、中断治疗、延迟付费，等等。

还有一些来访者甚至可能会怒不可遏，在咨询室里表现出攻击行为，如扔东西、跺地板或对治疗师骂骂咧咧等。从业以来，我曾两次在咨询室中受到人身攻击，当时我还是供职于"Relate"的一名咨询师。在来访者过去的依恋关系中，表达愤怒可能是一种不可接受的行为，或者是另一种极端情况，愤怒是家庭中唯一得到表达的情绪。我在前文中提到过剧本《谁怕弗吉尼亚狼》中的内容。我们可以以这出戏为例来看看，当愤怒成为唯一得到表达的情绪时是一种什么样的情形。作为一对夫妻（银幕内外都是），伊丽莎白·泰勒（Elizabeth Taylor）和理查德·伯顿（Richard Burton）演绎得非常到位，他们似乎只能通过争吵和无休止的抬杠来交流。无论来访者过往表达愤怒的方式是公开的还是隐蔽的，他们都可以通过与治疗师的互动，学会以积极的态度处理那些消极的情绪情感，而不是像从前一样，找不到一种可被接受的方式来充分表达自己的感受。

同样的道理也适用于像悲伤这样的负性情感。有的人可能反复把眼泪作为一种武器，而有的人可能从不向眼泪屈服。有些来访者很爱哭，在每一次治疗中都会泪流不止，而且多年如此，但治疗师的内心却毫无波动。如果出现这样的情况，治疗师可以对来访者提出质疑，以温和而同情的语气告诉他，很奇怪，虽然治疗师亲见他掉眼泪，却无法感受到他的悲伤。当来访者意识到他是在以眼泪为防御武器时，可能会出现一些有趣的治疗切入点，使治疗工作有所进展。

依恋理论取向的治疗师要做的是帮助来访者逐渐发展出"自传能力"，且在治疗结束时完全掌握。治疗初期，来访者在讲述自己的人生经历时，叙事结构通常是支离破碎的，他没办法把迄今为止自己所经历的事件与不同的感受联系起来。这样的人生故事可能杂乱无章，逻辑不清，叙述以情绪化的表达为主，让人越听越糊涂。也有可能是完全相反的风格，整个故事平铺直叙，简明扼要，显得干巴巴的。例如，我记得一位来访者在被问及童年的情况时是这样说的："我的童年很完美。我的母亲很棒。"然而他无法提供更多的细节，也提供不了任何支持这一说法的证据。有时候在面对这种情况时，我们不得不承认，要说服来访者披露更多的内容，暂时还有一些阻碍。治疗谈话刚开始的时候可能会很不自然，充斥着大量的沉默。这就是众所周知的"阻抗"。到治疗结束的时候，如果治疗师的工作方式是友好合作的，来访者就能正视过往经历，说出自己的故事，不会陷入乱麻一般的记忆中毫无头绪，也不会沉溺于过度饱和的情绪中无法自拔。此时他就可以条理清晰地向治疗师介绍自己童年的大致情况——幼年经历是如何影响他的、有哪些对他很重要的东西。当然，他讲述的仍是一个主观的故事，但不再充斥着一些无关紧要的细节和未经处理的情绪。如果梅因及其同事要把某些个体归类为"安全 - 自主型"（secure-autonomous），那在他们编制的 AAI 中，要寻找的正是这种叙事能力。

这里有必要提一下，"叙事"这个词来源于希腊语，意思是"了解自己"。作为治疗师，希望我们能够帮助来访者了解他们自己。霍姆斯提醒我们，心理治疗以"认识自我"这一德尔斐训诫为基石，所以，培养来访者的"自传能力"是心理治疗的重要目标之一。当然，这只是来访者获得"习得安全感"的必经路径之一。在接下来的章节中，我会进一步介绍"习得安全感"理论，之后再详细地解释治疗师如何在咨询室的临床环境中将这一理论付诸实践。

第二部分

导致不安全型依恋的
各种问题

05 ATTACHMENT
THEORY
Working Towards
Learned Security

# 第5章
# 母爱剥夺

有人提出疑问，"母爱剥夺"（maternal deprivation）和"母爱匮乏"（maternal privation）相比，哪个词更合适？我认为区别的关键在于，孩子是否在童年和青少年时期充分体验过母爱。根据定义，"剥夺"肯定是指曾经拥有的东西被拿走了或丧失了。那么，如果一个人不幸从未充分享受过那些安全型依恋者在童年期正常拥有的母爱、亲情、调谐或抱持，还能被称为"剥夺"吗？本章试图回答的问题就是：我们所说的"母爱剥夺"到底是什么意思？

鲍尔比在1951年曾明确指出：在婴儿期和儿童期，母爱对心理健康的重要意义不亚于维生素和蛋白质对身体健康的重要意义。他甚至认为，所有精神疾病都源于某种程度的母爱剥夺。在这一点上，他显得有些极端了。不得不说，鲍尔比虽然是一个天才型人物，有时却喜欢发表一些以偏概全的言论，以非黑即白的方式思考。我发现很多人都有这个特点，尤其是那些激进新思想的提出者和鼓吹者，他们对自己的观点总是表现得斩钉截铁、不容置疑。这可能是由于他们太执着于开创新门派，急于向世人阐述他们的新理论，为了得到关注以及"标记领土"，必须用非常肯定的措辞来宣扬自己的观点。可能也有人会因为我对"习得安全感"理论的大力传播而对我做出同样的评判。

接下来，还是让我们来看看鲍尔比的观点吧。他认为，所有精神疾病的根源都是母爱剥夺。但根据目前得到的确凿证据，事实并非如此。虽然环境因素可以导致精神疾病或成为催化剂，但科学研究已经证明，生物和遗传因素以及脑部损伤都可能导致个体罹患精神疾病。在本书的这一部分，我们先来关注与心理障碍相关的环境因素。

## 正常发展所需的母爱

首先，在婴幼期和接下来的童年期，孩童需要和某个人保持一段稳定的关系，这个人可能是母亲，也可能是父亲，甚至是祖父母。鲍尔比为此杜撰了"单变性"（monotropy）一词，它指的是婴幼儿对某一特定个体的依恋，鲍尔比认为这个人应该是母亲。其次，在这段关系中，爱是必不可少的元素。我的意思是，照顾者必须能够带给孩子温暖和安慰。那如何判断一段关系中是否有爱存在呢？按照我的定义，当一个人觉得另一个人的幸福与自己的幸福同等重要或更重要时，这段关系就是有爱的。之所以要说"同等重要"，是因为我真心认为，人必须首先关爱自己、重视自己和自己的幸福，才能拥有爱另一个人的能力。

再次，这段关系中的情感牵绊需要形成一种依恋。依恋通常是不对等的，这段关系并不具备平等互惠的特征。在依恋关系中，其中一方明显需要依赖另一方，而反过来则未必。有一种现象叫"亲职化"（parentification），指的就是父母需要依赖孩子的情况，实际上这对孩子是相当有害的。出现这种情况的时候，通常表明父母存在一定程度的功能失调。这段关系的强度很重要——母亲要在频繁的互动中向孩子提供必要的刺激，要一直陪伴在孩子身边。那种"人在心不在"的陪伴是不够的，但在下一章我们会看到，这样的情况时有发生，如母亲患有严重的抑郁症时。此外，安斯沃斯指出，母亲应该对婴儿或儿童释放出的暗示或信号保持敏感。鲍尔比指出，在母婴关系中，真正重要的不是母亲陪伴孩子的时间有多长，而是这段关系的质量是否足够好。举个例子，研究人员发现，在那些生活在基布兹（以色列集体农场）的孩子心目中，母亲才是最亲近的人，而不是那些白天照顾他们的人。此外，在孤儿院或社会机构照顾下长大的孩子，很少能得到与在家庭中长大的孩子同等程度的刺激。缺乏环境刺激也会导致其语言和运动功能出现问题，同时还会出现因童年期发展缺陷而导致的述情障碍。

在孩子成长的过程中，母亲有一个非常重要的任务，那就是随时随地通过互动向孩子传授语言技能，不仅包括语法和词汇，还要教给孩子一些更微妙的交流技巧，如在与人交谈时如何轮流发言、如何你来我往等。如果母亲因为器质性障碍或精神疾病不能和孩子说话，孩子就会出现语言障碍。在出现语言障碍的情况中，如果孩子自身有一些器质性问题，那这种情况可能会持续一生；如果孩子没有器质性问题，那可能就属于整体发育迟缓，这种情况是可以通过治疗解决的，因幼年缺乏言语交流而造成的影响也是可逆的。在孩子与依恋对象之间发展出某种"私用语"也很重要。像我和我的治疗师，我们在多年的合作中形成了共同的"私用语"。例如，"如同海滩小屋的经历"这句话对我们来说信息量巨大，但其他人根本无法理解，因为这些文字本身平平无奇，很难让人产生相关联想。

母亲和孩子之间的游戏也非常重要。在游戏过程中，母亲不仅可以随时随地教孩子一些语言技能，还能营造一种充满刺激、互相影响的氛围。在这个过程中，孩子会感受到母亲对他以及他的世界充满关注，并由此相信，在母亲心目中，他是个很重要的存在，值得母亲为他付出宝贵的时间。这样的认知让孩子产生了一种掌控感，自信不管处于何种情境，自己都有能力发挥作用并对环境施加影响。

## 母爱剥夺的短期和长期影响

鲍尔比描绘了当孩子失去依恋对象或与之分离时所经历的三个阶段：抗议、绝望和疏离。在第 1 章介绍依恋理论的起源时，我对这些阶段做了简单的描述。

下面我举一个例子，让大家了解长时间分离是如何导致个体形成不安全 - 回避型依恋模式的。我有一个来访者，她在蹒跚学步的时候，被迫在医院里待了 15 个月。她被关在一家隔离医院里，在那个时代，当一个人患有结核病或风湿热等疾病的时候，就会受到这样的对待，因为当时的医学对这类疾病缺乏有效的治疗，而且这类疾病本身的传染性又很高。在住院期间，她和家人没有任何联系。她还记得，当她终于被允许回家时，她已经不认识自己的母亲了，而是感觉像和一个陌生人在一起。幼年遭受的这一创伤使她形成了不安全 - 回避型依恋模式，那她余生还有机会完全摆脱这种依恋模式吗？这是个问题。类似这种情形的个体需要长期从治疗师那里获得"安全基地"体验。这种体验有时是可以从治疗关系中获得的，但要取决于来访者是否对治疗师有足够的信任，信任到愿意对她"敞开心扉"，并将她视为依恋对象，在她面前放心大胆地去尝试新的行为模式和感觉模式。在本书第 12 章中，我描述了一些治疗技巧和治疗师应有的包容精神，如果你能将它们真正用在咨询室中，就能让来访者从你这里得到"习得安全感"体验。通过与治疗师的互动，来访者在一个非正式的学习环境中（也就是说，不是学校这样的正规学习场所），一点点学习"安全感"的意义。

# 影响分离体验的因素

下面这些因素会影响儿童对分离的体验。

1. **儿童的年龄**。对 6 个月以下的婴儿来说，与父母分离似乎不会造成什么严重影响。我有一个外孙女在 5 个月大的时候做了心脏手术，在医院住了 10 天。因为年龄小，而且父母在她住院期间一直想方设法和她亲近，所以这次分离的影响被降低到了最低程度。我女儿一有机会就会陪在孩子身边，一开始是睡在孩子小床边的椅子上，后来又被安排住在孩子病房旁边的家长接待室里。

2. **儿童的气质**。在与母亲分离后，与那些性格内向、害羞或好斗的儿童相比，性格外向的儿童（即开朗、受欢迎的儿童）受到的影响似乎更小。这可能是因为适应能力强、社交能力强的孩子更容易从同伴和其他照顾他们的成年人那里得到帮助。

3. **分离时长**。毋庸置疑，分离的时间越长，影响越严重。

4. **分离前与母亲的关系**。如果母亲和孩子在分离之前的关系非常亲密，这似乎有助于孩子与痛苦"绝缘"，特别是在短暂分离的情况下。

5. **环境的影响**。如果让孩子置身于一个陌生环境中，与在他熟悉的地方或在家时比起来，因分离而受到的影响更明显。

6. **托管人的具体情况**。如果托管人是孩子熟悉的人，分离的影响似乎不那么明显。在一项实验中，罗伯逊（Robertson）负责照顾两个暂时与父母分开的儿童。他认为有两个因素减少了分离对孩子的影响。首先，在和罗伯逊夫妇住在一起之前，孩子们曾与他们有过短暂的接触；其次，住在一起的时候，罗伯逊夫妇小心翼翼地模仿着他们父母的照顾方式，并且不断地提到他们的父母，让他们感觉父母一直都在。研究人员认为这些方法非常重要。

**7. 陌生环境中发生的事件**。研究人员认为，在孩子离开母亲的这段时间里，如果能让他们的生活像平常一样，会有助于减少分离的影响。以我的亲身经历为例，3 岁那年，我在医院里待了 26 天，在这段时间内，我不但很少见到父母，还接受了一系列治疗。每当我想起它们，就会想起"折磨"这个词。我做了无数次的钡餐 X 光检查，更糟糕的是，还要定期洗胃和灌肠。而且洗胃和灌肠都是在一个公共医疗区内，当着其他孩子的面进行的。这段经历导致我这辈子都无法摆脱恐惧症的折磨，因为我总是害怕自己会在公共场所呕吐（身体功能失控）。

**8. 来自同伴的帮助和陪伴**。如果给孩子留一位手足做伴，不管对方年纪有多小，都足以减轻与父母分离的影响。正如上面指出的，最关键的区别并不在于是否有人替代了母亲的角色，而在于是否给孩子保留了一定程度的熟悉感。

如果孩子与父亲分离会有什么样的影响呢？我不得不遗憾地指出，关于这方面的研究确实非常少。但是，有些孩子的确是与父亲，而不是母亲，形成了主要依恋关系，尽管常见的情形是，因为父亲工作的原因，他在孩子幼年时待在家里的时间比母亲少得多。如果父亲是孩子的主要依恋对象，那与父亲分离会有什么影响呢？如果孩子与父亲分离后能留在母亲身边，受到的影响是否就不那么明显？想必这和我前面讨论的结果是一样的——因为留在了一个熟悉的环境中，所以孩子受到的创伤比较少。不过，我认为孩子仍然会受到伤害，因为毕竟主要依恋对象不在身边。

不过，目前对母子关系的研究比比皆是，对父子关系的研究却凤毛麟角，我对这种现象确实有所质疑。当然，母亲并不具备什么神奇属性。如果人们仍然认为，只有母亲才能成为优秀的养育者，这无疑是往女性的肩上压了一副难以承受的情感重担，同时也让男性处在"低人一等"的位置，因为传统观念认为，男性是不可能满足孩子的情感需求的，所以男性永远也别指望自己养育孩子的能力得到承认。

## 分离的影响：长期影响

> 早年家庭生活存在严重问题时，孩子就有可能出现品行障碍、人格障碍、语言障碍、认知障碍以及发育障碍等。导致这种情况出现的家庭问题有很多，但都被笼统地归在了"母爱剥夺"的名义下。

这是鲁特（Rutter）在他的经典著作《母爱剥夺再评估》（*Maternal Deprivation Reassessed*）中得出的结论。

早年生活经历被认为对一个人后来的社会功能有重大的影响，心理治疗师们应该不会对此感到惊讶。鲁特还告诉我们，最具说服力的证据来自在动物身上做的实验和研究，包括黑猩猩、老鼠、鹅、狗、鸟类等。还有哈洛著名的恒河猴实验，但他用的是布料做的代母猴，并不是真正的哺乳期母猴。哈洛的母猴实验和洛伦茨关于灰雁的研究经常被引用。

鲍尔比 1951 年为世界卫生组织（WHO）撰写了一篇专题论文，它对全世界的育儿机构产生了巨大影响，后来儿童受到的照顾标准被提高了无数倍，这篇论文功不可没。人们认为，这份报告的影响力足以与 19 世纪伊丽莎白·弗莱（Elizabeth Fry）关于当时监狱不卫生条件的报告媲美。同样，在鲍尔比和罗伯逊的纪录片以及支持该片的文件证据的影响下，儿童保育领域也发生了重大变化，如延长了儿童住院时父母的探视时间。不仅如此，在论文《44 个小偷：他们的性格和家庭生活》中，鲍尔比提出，一些人之所以成为"冷漠的心理变态者"并表现出种种异常行为，与和母亲长期的分离及遭遇家庭创伤脱不开干系。这一观点也得到了广泛的认可。

简而言之，正如鲁特总结的那样，如今人们对以下概念已习以为常：

> 大量证据表明，许多住院或寄宿的儿童表现出急性应激的即时反应，许多婴儿在被无良机构接收后出现了发育迟缓，如果长时间待在那里，还可能会出现智力障碍。犯罪行为和破碎的家庭有关。在成为"无情的心理变态者"之前，这些孩子年幼时经历过多次分离，并在机构的照顾中长大。在那些被抛弃或来自冷漠家庭的孩子身上，发育停滞的现象表现得尤为明显。

鲍尔比认为，如果孩子的主要依恋对象不是母亲，对母亲缺乏安全依恋，这样的孩子在成年后会"自然地"出现心理问题，但现在这一观点已经不被认可。鲍尔比的另一个与现行观点不同的看法是，依恋是单一的，换言之，依恋只针对某一个特定的人。而现在普遍的观点则是，依恋对象是有等级的，一个人可能有一个主要依恋对象，但其他依恋对象也很重要——如代行父职或母职的看护人，或孩子的祖父母。鲍尔比认为主要依恋对象必须是母亲的观点显然也站不住脚了。现在大家都认为，对任何一个能够定期、稳定、持续地提供情感和身体照顾的人，孩子都可以产生安全型依恋。因此，那些宣扬母亲具有某种神秘力量，只有母亲才能提供孩子需要的某种超乎寻常的照顾的说法纯属无稽之谈。现在大家接受的观点是，孩子对依恋对象的选择是以陪伴时间为依据的，这个依恋对象可能与孩子没有血缘关系，甚至有可能不是孩子生命中最重要的人。

说到这里，我们可以来谈谈先天 / 后天二分法。最近有证据表明，如果要对个体出现的某种异常做出全面解释，往往需要将环境因素与生物学 / 遗传因素结合起来考虑。例如，因为染色体差异，患有唐氏综合征的孩子与正常孩子比起来，心理功能水平通常更低。但是，如果唐氏儿童是在家庭中长大的，父母提供了一个有足够刺激的包容性环境，而不是在某些社会育儿机构长大，他们的智力和语言能力都会得到较好的发展。同样，教育学家们认为，最好是让唐氏儿童在主流学校至少读到高中，这样他们就得到了与那些言语表达能力正常的孩子频繁互动的机会，并从中得到足够的环境刺激，也逐渐明白哪些社会行为是恰当的。

## 改变长期影响的因素

鲍尔比认为，任何福利机构或托儿所为儿童提供的照顾都是有害的。而我们从研究样本中得到的资料表明，这种观点并不正确。现在人们普遍认为，如果托儿所具备良好的设施，有大量玩具和游戏的机会，有足够的工作人员代替母亲给予孩子需要的陪伴和情感，并能与孩子建立起稳定可靠的关系，就几乎不会对孩子造成伤害。最初的女权主义观点认为，鲍尔比通过依恋理论在某种程度上试图迫使女性回到她们在战争年代逃离的家庭领域，但该观点现在已经不成立了。如前所述，现任政府为了鼓励广大母亲重返职场，投入了大笔资金帮助 3 岁以下儿童的父母获得超过 15 小时的托儿服务。之所以如此，部分是出于政治和经济上的考量，希望可以通过帮助妇女重返职场的方式促进经济增长，这符合当前政府的需要，因为能挣才会花，民众愿意花钱才能刺激经济发展。这一政策改变也和人们对托儿机构的态度发生改变有关，这种态度改变是在对托儿机构的利弊进行了一番权衡后的结果。所以，现在人们已不再认为让孩子每天与依恋对象短暂分开一段时间是有害的。

不过，一个月以上的短期分离依然被认为对儿童有害。大多数研究证明，如果儿童幼年时曾不止一次地与父母分开长达一月以上，从长期的角度看，他们确实容易对分离感到焦虑，以后出现心理问题的风险也更大。

不过，如果仔细研究那些资料，我们就会发现，那些更有可能出现心理问题的儿童其实已经经历了长期混乱的家庭生活，如父母不和或家庭暴力。在这样的家庭中，父母可能都是"人虽近在眼前，心却远在天边"，完全不关心孩子在想什么。我们需要问清楚的是，孩子的心理问题到底是源于混乱的家庭生活，还是因为一次次长达一个多月的分离。事实上，除了在与依恋对象分离并被置于陌生情境时会稍微多一点焦虑外，几乎没有证据表明童年经历过短暂分离的孩子将会在以后的岁月中遭受什么别的痛苦。

不过，长时间的分离或永久的分离可能会造成严重后果。因父母中的一方死亡、父母离异（或分居）而经历永久性分离的儿童往往会受到永久性的影响。有证据表明，因父母离婚或分居而失去父母的孩子最有可能患上神经症。当然，在我从业 27 年所接触的来访者中，有相当一部分人的父母在他们年幼的时候就离异了。受影响最严重的是那些与父亲或母亲完全失去联系，或者被父母中的一方当作棋子来操控另一方的孩子。我曾在 20世纪 90 年代读过一本书，书名为《第二次机会：离婚 10 年后的男人、女人和孩子》（*Second Chances: Men, Women and Children a Decade after Divorce*），作者是朱迪思·沃勒斯坦（Judith Wallerstein）。她举出了令人信服的证据，证明对子女来说，如果是父亲主动选择从子女的生活中消失，从此再无联系，这样的离婚是最有害的。

不过，我并不主张所有父母都要不惜一切代价地勉强生活在一起。正如鲁特所说，神经症通常发生在那些幼年经常目睹父母发生争吵和冲突的成年人身上。这并不是说每一对结婚或同居的夫妇在任何情况下都不能吵架，但是，如果夫妻之间旷日持久地为争夺控制权而大打出手，或者因不忠、金钱、酗酒等问题而吵闹不休时，为孩子的健康着想，确实不适宜让他们在场。

现在我们要弄清楚的问题是，母爱剥夺造成的影响是否可逆。鲍尔比最初的结论是，如果孩子在两岁半之前一直拥有母爱，那当他们被剥夺之后，所造成的影响基本上是不可逆的。不过，我们现在对此的看法要乐观得多。

如果儿童出生在一个非常贫困的家庭，父母吸毒成瘾，无法称职地照顾孩子，那么，把孩子送去寄养或者找人领养可能是恰当的。这种剥夺（即父母无法称职地照顾孩子）对孩子造成的后果是有可能（而且很可能）得到补救的，尽管对寄养或领养的父母来说，这可能意味着要打一场持续数年的硬仗。

有证据表明，如果在孩子两岁之前，社会工作者就将其从被认定为智力低下的父母身边带走，成年后孩子的智商会提高 20~30 个点。不过，在我看来，社会工作者做出这种判定在道德上是否可接受值得怀疑。

### 结束语

本章旨在描述因"母爱剥夺"导致的各种问题，对"母爱剥夺"一词的确切含义这一有争议性的问题提出了我的见解。我还试图探讨，当分离无法避免时，该如何将其影响降至最低。

感谢《母爱剥夺再评估》一书的作者迈克尔·鲁特（Michael Rutter），本章提及的不少见解和想法都要归功于他。

ATTACHMENT
THEORY
Working Towards
Learned Security

第 6 章
## 冷漠的母亲

在本章中，我想说说那些在缺乏母爱的环境中长大的成年人。他们在成长过程中得到的母爱少得可怜，导致这种情况的原因五花八门，包括：因沉迷毒品、酒精或者苦于家庭贫困，母亲顾不上孩子；因患有严重抑郁，母亲精神不正常；因工作繁重，母亲过于忙碌；因接受药物治疗，母亲情感麻木；因沉迷两性关系，母亲心无旁骛；因被伴侣欺凌虐待，母亲自顾不暇；因后悔当初导致怀孕的性行为，母亲对孩子心怀芥蒂。当然，还有很多这里没有提及的因素同样会导致"母爱不足"（under-mothered）。

现在我们就来讨论一下，母爱不足对成年个体与人建立和维持关系的能力有什么影响，心理治疗可以如何修复这方面的缺陷。这样的个体通常认为，处理不好人际关系是自己的性格问题，而实际上，这种缺陷可以追溯到母亲身上，因为她缺乏满足孩子情感需求的能力。母爱匮乏的孩子在成年后会有一种倾向，认为自己在本质上是"坏的"或不可爱的，所以母亲才不爱自己。如果能让他理解到，没得到母爱并不是他的原因，而是因为母亲不愿意或缺乏能力去爱他人，那么，"母爱不足的成年人"就能摆脱内疚感，开始修复自己千疮百孔的内心。一直以来，他都认为母亲是"正常"的，是自己不配得到母亲的爱，要让他放弃这样的想法非常困难。

正如罗伯特·卡伦在他的博士论文中所言，当孩子在成年后意识到自己受到了父母的虐待时，可能会因此发誓再也不理父母，否认自己对父母还有任何感情。但是，爱依然存在，对爱与被爱的渴望也依然存在，这种渴望像灼热的太阳一样无法隐藏。

## 母亲冷漠的可能原因

- 母亲自身经历了某种丧失，沉浸在个人的悲痛中无法自拔。
- 母亲要养育好几个孩子，每个孩子都需要关注（这让我想到了哈伯德妈妈）。
- 母亲不知道如何尽职地养育子女，因为她没有从自己的母亲那里得到过情感的满足，没有良好的榜样可效仿。
- 母亲生病、住院或者精神有问题。
- 家里有另一个孩子生病或者住院。
- 母亲要照顾父亲，或者家里有另一个更需要母亲操心的兄弟姐妹。
- 母亲对药物（合法或非法）、酒精等物质成瘾。
- 母亲对导致孩子出生的性行为深感悔恨，或者孩子是她遭受性暴力（即强奸）后的产物。
- 家境极度贫寒，母亲要养家糊口。
- 母亲太年轻，承担不起照顾孩子的责任。
- 母亲长期受到伴侣的虐待，这个人可能是孩子的父亲，也可能不是。

- 母亲英年早逝。

- 母亲害怕与人建立情感联结，因为担心受到伤害，这种情况可能会导致解离性身份认同障碍（dissociative identity disorder）。

- 母亲被困在抑郁状态里，正如安德烈·格林（André Green）在《死寂的母亲》（*The dead mother*）一文中所描述的那样。

- 母亲经历了一些创伤事件，患上了创伤后应激障碍。

这些都可以解释为什么母亲无法满足孩子的情感需求。不过，针对某一具体个案，答案可能需要综合上述多种因素。当然，这个列表并不详尽，大家可以根据实际情况添加自己认为更合理的理由。

但在现实中，许多母亲确实在竭尽全力地满足孩子的情感需求。下面我们就来看看，孩子的情感需求得到满足时是怎样的情形。

## 足够好的母亲

"足够好的母亲"（good enough mother）是温尼科特提出的概念。福沙（Fosha）的最新研究表明，"足够好的母亲"只需在 30% 的时间内与孩子保持情感同步，就能够满足孩子的情感需求。也就是说，母亲要在这 30% 的时间内，心甘情愿、不带任何勉强或敷衍地、全心全意地陪伴在孩子身边，与孩子的喜怒哀乐保持同步。福沙还说，我们一定要记住，与孩子保持同步是母亲固有的能力，与这一能力同等重要（甚至可能更重要）的是，对因与孩子未保持同步而造成的伤害进行修复并重新建立最佳联结的能力。

母亲要在与孩子的互动中下意识地、直觉地传递以下信息。我觉得有必要指出的是，如果母亲没有成功地把这些信息传递给孩子，就会造成严重的伤害。

首先，母亲一定要让孩子清楚地知道，她很高兴和他待在一起。如果没有这样的"定心丸"，孩子会一直患得患失，担心被母亲遗弃。我就有一个这样的来访者，她在整个童年时期都生活在这样的阴影下，这对她的依恋模式造成了严重的伤害，需要接受多年的治疗才能勉强恢复。这是本书第四部分呈现的所有案例的共有特点。

其次，母亲要让孩子感受到，她的心里、眼里都是他，他是"特别的"，她喜欢他现在的样子。如果母亲没有让孩子接收到这样的信息，孩子就会以为，要得到母亲的认可，他必须想办法让自己变得和现在不一样。例如，海伦（个案主角）认为，母亲想让她变得更坚强，更有韧性，更有表现欲，这样母亲就会欣赏她、喜欢她。她的姐姐小时候就表现出了这些特点，所以很受母亲宠爱。我们用一个比喻来形容，这个案例中的母亲就像拿着一面镜子，从镜子中观察孩子，只有当她在镜子中看到孩子表现出某种她身上有的或欣赏的特质时，才会表达对孩子的赞赏。所以，一定要让孩子知道，母亲爱的是真实的他，是他的"真实自体"。

孩子需要从母亲那里得到一些最基本的信息，其中最简单的就是"我爱你"。如果这一点没得到确认，孩子就不会有安全感。在很多时候，孩子以为，如果要得到爱，自己就必须做点什么。例如，那些受到性虐待的孩子会以为，被爱的条件就是配合；被"亲职化"控制的孩子会以为，只有满足了妈妈的需要才会被爱。当传递"我爱你"的时候，必须同时传递"我尊重你"。那些没得到尊重的孩子长大后通常会变得过于迁就他人，不懂得优先考虑自己的需要。我有一个来访者，她现在才34岁，是家里兄弟姐妹中最小的，但她实际上像妈妈一样照顾着"四个孩子"——母亲和三个哥哥姐姐。她一直扮演着母亲的角色，下意识地承担起为其他几个人买房的责任，不断操心他们的生活，既包括现实层面的衣食住行，也包括情感层面的喜怒哀乐。而当她需要帮助的时候，所有人却都选择了袖手旁观。

还有一个重要信息是母亲必须传递给孩子的，她要让孩子知道，他的需求对她来说很重要，她会永远怀着一颗爱他的心，心甘情愿地满足他。千万不要向孩子传递诸如"等我有空的时候再说；哎呀，你怎么这么讨厌"这样有害的信息。

母亲还要让孩子知道，她会始终保护他的安全，在她的陪伴下他可以安心地休息和放松——这也是安全型依恋的核心。如果这一点得不到保证，孩子就会长期保持"警觉"。

## 好母亲的责任

首先，母亲要充当孩子的主要依恋对象，她是养育孩子的主力，是孩子安全感的主要来源，是孩子的保护神，同时也是孩子学习过程中最好的老师（这里的学习并不是指学校里有具体科目的正规学习，而是指非正式的社会化过程，学习的是与社会规范、价值观、为人处世的边界以及社会角色相关的内容）。

其次，孩子得到的鼓励、赞美主要来自母亲，正如科胡特的"镜像移情"（mirroring transference）一词所形容的那样。母亲还要教会孩子如何调整自己的情绪，既包括消极、痛苦的情绪，如失落等，也包括积极的情绪，如兴奋、激情等。

## 当母亲失职时

母亲无法在情感上满足孩子会给孩子带来很多消极后果，下面我们就来重点讨论其中的几个。

## "安全基地"的丧失

这是最可能出现也是最常出现的后果。当母亲的情感缺失时，"安全基地"的沦陷几乎难以幸免。试想一下，当孩子遇到危机的时候，他不能奔向母亲寻求保护和安慰，母亲要么不在身边，要么漠不关心，或者两者兼而有之，他能怎么办呢？这样的孩子很可能会形成矛盾型或回避型依恋模式。如果生活中还有另外一个近在咫尺的依恋对象，如住得很近、经常见面的祖父母或阿姨，那这个人可能是他唯一的救赎。但是，如同我前一本书中艾伦的个案，即使他每天都主动去看望自己的祖母，并对她产生了深深的依恋，也依旧未能阻止他患上与依恋有关的一种神经症。

## "死寂的母亲"

安德烈·格林就这个主题写了很多重要文献，我们看到的大多是从法语翻译过来的。他创造了"死寂的母亲"一词，形容当母亲沉浸在丧失之痛中无法满足孩子的情感需求时，孩子在精神上如同失去了母亲的情形。用格林的话来说，如果母亲失去了她所爱的人，这个人可能是她的孩子、父母、亲密的朋友，也可能是任何被她倾注了强烈感情的客体，那她就会变成死寂的母亲。但我在实践中发现，母亲的抑郁可能是因自恋受伤的假象引发的，如现在的家庭或原生家庭遭遇变故，或者因丈夫出轨而被忽视，也因而蒙羞等。不管具体情况如何，最明显的表现就是母亲沉浸在自己的悲伤中，减少了对婴儿的关注。

孩子会敏感地发现，尽管从前母亲确实非常关注他，和他在一起时充满鲜活明朗的气息，对他的情感给予积极的回应，但现在的她却显得麻木冷淡，觉察不到他的感受，有时甚至意识不到他就在旁边。格林曾经感慨地说，翻看旧照片的时候，总是能看到诸多证据，证明曾经拥有过多么丰富多彩、多么幸福快乐的亲子互动，对比之下，现在的一切显得那么黯淡和凄凉。对孩子来说，这如同经历了一场灾难，他搞不懂到底发生了什么。他试图寻找理由来解释这样的幻灭，不知道问题是否出在自己身上。这种幻灭感通常没有任何预警，仿佛从天而降，就像一颗炸弹被猝然扔在了他头上。他认为从此以后自己必须时刻保持警惕。

在本书第四部分呈现的四个案例中，就有三个存在上述现象。在其中一个案例中，简告诉我，她永远清楚地记得，有一天她放学回家的时候，发现母亲正跪在厨房的地板上，悲痛欲绝、泪流满面，完全没有意识到女儿的出现。她记得那是一段在情感上无限荒芜的时期，用格林的话来说，母亲被困在她那"疯狂的个人世界"里，不再对孩子倾注任何感情。

在另一个案例中，海伦也觉得她至少在五年时间里彻底失去了母亲。在她两岁半的时候，因外祖母突然离世，母亲陷入了阵发性的悲伤。在自己年幼的时候，海伦不知道是什么占据了母亲的心神，但她确实注意到，母亲不再像从前那样时刻关注她和哥哥了。她回忆说，那种感觉就像"母亲对我们完全失去了耐心"。

## 持久的匮乏感

许多缺乏母爱的成年人觉得生活异常艰难。他们认为现实总是充满苦难，永远都缺乏爱、物质财富和感情。我认为，当原生家庭缺乏爱时，就会出现这样的结果。此外，当孩子罹患"发育不良综合征"（failure-to-thrive syndrome）时，也会出现这种情况。"发育不良综合征"在英国的孤儿院中经常出现，在一些第三世界国家也不鲜见。安德烈·格林还发现，很多这样的个体在成年后还会出现抑郁发作。

### 身心症

显然，想办法让母亲出现是孩子的主要目标之一。这就是鲍尔比所说的"抗议"阶段的目的，此时孩子会尖叫、呼喊、哭泣、乱扔东西、撒泼打滚，所有这些行为都是为了让母亲回来。

孩子可能在有意或无意中发现，当他生病时，似乎以某种方式激起了母亲的情感反应。于是他明白了，原来生病可以换来母亲的关爱。这一认知为他打开了"身心症"（somatizations）的大门。所谓"身心症"，是指患有这种病的人虽然具备了疾病的生理表现，但从根源上讲，这些表现是由心理和情绪触发的。孩子的"身心症"是一种无意识控制机制，用来激发母亲的关爱行为。

### "我的不同规则"

在成长的过程中，有些孩子会慢慢意识到，如果想从母亲那里得到爱，他们就必须循规蹈矩。这样的孩子往往会小心翼翼地监控并调整自己的一言一行，对自己高标准严要求。这些完美主义的标准并非来自他人，而是来自他们自己。他们通常会表现出一些强迫倾向，如强迫性地去照顾周围的人，还会表现出完美主义倾向。他们往往会选择那种以照顾他人为特色的职业。在私人生活中，他们通常对家人和朋友关怀备至，却从没想过让别人来关心自己。

## 特殊的母爱剥夺

在这一章中，我们看到了情感缺失的母亲对孩子造成的影响在其成年后依旧存在。按照格林形象的说法，这一切都是因为孩子有一个"死寂的母亲"。还有可能是因为母亲沉迷于某种嗜好、家庭持久的贫穷、长期遭受虐待。

母爱缺失的影响是多方面的，基本上都是毁灭性的，不过，大多不会超出依恋性神经症的范畴。遭遇母爱缺失的子女成年后的依恋模式都不太理想，很可能在人生的某个时刻走上寻求心理治疗的道路。所以，身为治疗师，我们应该好好思考一下，该如何利用依恋疗法去帮助这些人，这种疗法又是否能够疗愈他们在童年和青少年时期受到的创伤。

我相信，如果你的来访者拥有本章描述的那些经历，那我提出的以获得"习得安全感"为焦点的治疗模式会特别有用。在我呈现的四个案例中，来访者都没有从母亲那里得到过情感上的满足，无一例外地受到了本章所描述的各种因素的影响。

第 7 章

# 有毒的父母

为什么"有毒的父母"会一直控制他们的孩子,直到孩子成年后都不肯放手?为什么那些孩子难以摆脱父母的情感控制,唯有彻底放弃从父母那里得到帮助、支持或认可的奢望,才能向前一步,开始属于自己的生活?症结就在于,这些孩子吸收的"毒"通常来自掺杂着毒素的"爱",这种有毒的爱被伪装成"营养"呈现在孩子眼前,这通常是情感上长期处于饥饿状态的孩子唯一能接触到的"营养"。所以,嗷嗷待哺的他们无从选择,只能紧紧抓住不放。不幸的是,这种"营养"是有毒的,因为它来自一个有毒的环境。

在所有有毒的养育方式中,那些被父亲(或母亲)性虐待的孩子或许是感受最复杂的。这样的受害者往往会向治疗师强调,这是"有爱"的虐待。在这种案例中,虽然性虐待在精神上是强加给孩子的,但它又与某种形式的爱混在一起。这个孩子可能得到了与兄弟姐妹不同的待遇,得到了特别的"宠爱",如被父亲单独带出去玩或一起散步,在精神上成为他的

"小情人"。被喜爱的感觉与遭受的虐待交织在一起，孩子幼小的心灵如何分得清有毒的"营养"和虐待呢？

在有毒养育方式中长大的孩子可能受到了不同方式的虐待，如遭受性虐待、被殴打、被独自长时间留在家、长期被贬低和嘲笑、被当作白痴对待、被迫转换角色去照顾父母，还有一种虐待是被过度保护和控制。所有虐待方式的结果都惊人地相似，几乎所有孩子在成年后都会觉得自己毫无价值，不断怀疑自己是否讨人喜欢，总是自觉低人一等，严重缺乏自尊感。有很多人会被负罪感压得喘不过气来，还有人会做出自毁行为，如割伤自己，或者从酗酒、嗑药中寻找安慰。有的人变成工作狂，有的人不知道怎么为人父母，有的人无法长期维持一段私交。他们之所以会缺乏自尊、觉得自己不讨人喜欢，根本原因在于他们已经说服自己相信，自己在本质上一定有某种"不好"的东西，不讨人喜欢一定是自己的责任。承认自己的父母因无能而没有尽到养育孩子的责任，承认自己的父母确实不值得信任，这对孩子而言太痛苦了，相比之下，承认一切都是自己的错会更容易一些，也会让他们心里好受一些。对我们当中的任何一个人来说，要接受父母实际上"不好"是很难的，更别说承认父母本质上的"邪恶"（如性虐待孩子的父母）了。不管是"不好"还是"邪恶"，这样的父母事实上都不值得信任。当一个人在这种连最基本的信任都缺失的环境中长大时，形成不安全 - 矛盾型或不安全 - 回避型依恋模式几乎是必然的。

我想，霍姆斯不会同意我的观点。他认为，如果一个人具有"反思功能"，那他就很有可能得到"挣得安全感"。但从个人角度，我觉得这种可能性很小，除非这个人接受了精神分析治疗，或者与某个重要他人建立了具有疗愈作用的亲密关系。如果父母中的一个受过严重的创伤并罹患精神疾病，那他还很有可能形成不安全 - 混乱型依恋模式。

我敢肯定，如果能让那些前来求助的来访者平生第一次体验到"习得安全感"，他们一定受益匪浅。有了"习得安全感"后，他们就会相信自己真的拥有一个"安全基地"，在历经患难或受伤脆弱的时候可以从那里得到安慰。

## 如何面对有毒的父母

被"有毒营养"浇灌的个体最常使用的防御机制就是否认。虽然否认是最原始的防御机制，但有时候它也是最强大、最有效的。不过，所有防御机制在某个特定时刻都有可能失效——这通常就是来访者出现在咨询室的那个时刻。

然而，当这样的来访者开始治疗时，他们极有可能向治疗师讲述一个美好的故事——完美的童年、出色的父母，但又找不到任何支持这一说法的证据，诸如每年全家一起出去度假的例子或者周日懒洋洋地坐在一起享受午餐的记忆，等等。没有具体的事实来支撑他们的结论，所以来访者的讲述无法形成一个完整的故事，治疗师也无法对来访者的人生拼出完整的画面。这个时候，我们就要利用三角互证的方法，寻找一些来自第三方的证据，把我们听到的故事拼凑起来，使其尽量显得完整、有意义。然后对搜寻到的所有信息仔细推敲，看其他人提供的说法或故事能否印证来访者提到的受虐经历。通过这种方式，治疗师就能最终判断来访者讲述的经历究竟是真实的，还是被他用否认或合理化的防御机制巧妙地篡改了的。

很多时候，来访者会以我称之为"怀着渺茫希望的合理化"（faint-hope rationalizations）来为父母辩护。例如，"他打我屁股是让我知道好歹。""他离开我们去法国是身不由己。""他和我发生性关系是因为我母亲不和他做，男人必须有一个能满足他的地方，不是吗？"在成为治疗师的这些年里，这种被"合理化"的说法我听得实在太多了。

不仅如此，一些"有毒的父母"即使去世了，子女仍无法摆脱他们的

"恐怖统治"。在许多国家和地区，说死者的坏话是一大禁忌，其他人也不愿意听到对死者的负面评价。这个社会的共识就是死者为大，不管生前多么十恶不赦，死后就一了百了，只能既往不咎。还有一种主流的观点认为，母亲具有一种神奇的特质，能够永远与孩子"母子连心"；也有观点认为全天下的父母都舐犊情深，愿意为孩子奉献一切。而现实往往与此截然相反，有一些母亲根本不希望自己成为母亲，还有的母亲因为自己在童年就遭受了"母爱剥夺"，所以不懂得如何成为一个好母亲。就这样，有毒的养育方式在一个家庭中以代际传递的方式得以传承。

还有一种可能的情况是，如果"有毒的父母"去世了，而曾被虐待的子女恰好在此之前说过他们的坏话（如对治疗师倾诉过），子女就会被沉重的负罪感压垮。他们可能会产生一些迷信的想法，认为正是因为自己说了父母的坏话，达成了某种"死亡愿望"，才导致了父母的死亡。治疗师在处理来访者的这类幻想时必须满怀同情，承认他们此时所体验到的一切感受和想法（通常在无意识层面）都是真实的，你完全能够理解和接纳，但也要理性而冷静地告诉他们，为什么他们的幻想是不可能的。为了避免来访者形成弗洛伊德所称的"忧郁症"（一种不正常的哀伤反应），在开始下一步治疗之前，治疗师一定要对来访者的这些感受给予足够的重视，并花一定的时间进行妥善处理。这里所说的"妥善处理"是指治疗师要让来访者学会如何自我调节情绪。

但是，可能不管怎样来访者都逃不过"忧郁症"，因为他们对父母的死亡怀着过于复杂的情感。当"自我被客体的阴影笼罩"时，"忧郁症"就发作了。这实际上意味着，他们对父母的去世既感到悲伤（负性影响），又感到解脱/怨恨/高兴（正性影响）。也许他们心里既怀着怨恨，又充满懊悔，同时又忘不了过往那些被逝者伤害的回忆，这些就是"笼罩在自我上的阴影"。只有当来访者终于平复了过往的创伤，选择原谅或放下，继续自己的人生时，自我才能完全恢复力量。在此之前，他们会一直处于一种不正常的哀伤状态，即"忧郁症"。

# 不同形式的有毒养育

接下来，我将对各种不同形式的"有毒"养育方式做稍微详细一点的解释。尽管形式各不相同，但结果都一样——受害者在成年后缺乏自尊感，觉得自己没有价值，确信自己不讨人喜欢，长期生活在恐惧中，不敢和任何人建立亲密关系，因为害怕被最终抛弃。当然，这种养育也导致他们普遍具有不安全型依恋模式。除非治疗师帮助他们获得了"习得安全感"，并领略到拥有"安全基地"的奢侈体验，让他们内心的创伤在这个过程中得到某种程度的修复，否则这种状态就会一直持续下去。

下面我们就对以下几种有毒养育方式进行更详细的探讨。

- 亲职化
- 躯体虐待
- 性虐待
- 言语虐待
- 过度控制

## 亲职化

在 20 世纪以前，孩子实际上被视为父母的私有财产，父母对他们可以为所欲为。没有法律会保护他们的权利。不过，如今情况已完全不同，英国分别于 1948 年、1972 年、1975 年、1989 年、2000 年、2004 年和 2006 年颁布了《儿童法》( *The Children Acts* )。这项立法的通过是"渐进主义"

（gradualism）取得的胜利之一。"渐进主义"是一场旨在逐步削减父母绝对权利并逐步提高儿童权利的运动。在《儿童法》实施后，地方当局对那些失去双亲或被遗弃的儿童的监护权已逐渐得到控制和合法化。儿童现在享有独立公民应有的权利，有不可剥夺的获得食物、住所、温暖和保护的权利。他们有权获得情感滋养、要求他人尊重自己的感受，还有权在与人相处时维护自己的自尊。但不幸的是，孩子们似乎失去了"玩乐"的权利——可以无忧无虑、不负责任、随心所欲地游戏，这才是快乐童年的本质所在。

在那些励志的人生故事中，很少会提及童年享受的乐趣。相反，童年的课余时光是由做家务、买东西、照顾生病的父母等组成的。这些孩子不仅要用小小的身躯承担各种劳动，其中还有很多人要操心家人的幸福与发展，成为整个家庭的精神支柱。在这种情况下，孩子根本就没有机会享受无忧无虑的乐趣，也没有足够的幸运拥有一个可以模仿的榜样。

在心理咨询和心理治疗中，我们会用一个词来形容这种可怕的状态——"亲职化"。很多孩子在幼小的年龄被迫变成了"成年人"，童年结束得太快，成熟来得太早。他们在父母面前通常是一个"家长"的形象——用稚嫩的肩膀扛起生活的重担，用幼小的心灵支撑整个家庭。在后面的个案分析中，你可以看到，案主之一海伦就经历了这样的痛苦。在她 13 岁时，因为父母都患有神经衰弱，她不得不承担起原本属于成年人的责任。多年来，她一直认为自己有维护家庭团结的责任——让大家人在一起，心也在一起。但这让海伦付出了什么代价呢？在她本应是个无知少女的年龄，却过早地失去了童年的纯真，背后的原因不止一个，"亲职化"绝对是其中之一。

还有一位来访者，他和孪生兄弟一起长大。在成长的岁月里，两兄弟习惯了一起分担家务。他们的母亲是一个单亲妈妈，不幸罹患肌痛性脑脊髓炎，这是一种慢性疾病。因为疾病的原因，母亲长年卧床。从 10 岁开始，这两个男孩日复一日的生活是这样的：上学前伺候母亲吃喝拉撒，做家务，

98

然后上学；放学回家的路上买食物，回家做晚饭，伺候母亲吃喝拉撒，临睡前给母亲洗澡。这个来访者在他 27 岁的时候来见我，那时候他在情感上依然和母亲绑在一起，同时又想不顾一切地逃离母亲，就像他的孪生兄弟所做的一样。当时他的孪生兄弟因为考取了研究生，远远地离开了家。可是，因为来访者从母亲那里内摄了根深蒂固的内疚感，他被紧紧地束缚着，动弹不得。在绝望中，他决定前来接受治疗，希望能够有勇气摆脱现在充满辛劳和痛苦的生活。他已经失去了自己的童年和青春，因为，正如他所说的，他"从来不知道'乐趣'这个词的意义"。由于从母亲那里内摄的内疚感以及不安全 - 矛盾型依恋模式的推波助澜，他把自己深深地困在了"内疚感的炼狱"里。为了帮助他逃脱出来，我们费了九牛二虎之力。但更大的矛盾在于，在外人眼里，媒体对他有着很高的评价。如果选择离开母亲，他又如何面对公众的悠悠之口？

如果一个孩子在三观形成的关键时期习惯于充当父母的"共生者"（codependent），成年后就极易与一个依赖酒精、药物或饮食失调的伴侣形成共生关系。这样的人在咨询室里很常见，他们总是"选择"那种过得很糟糕的伴侣，并与一个自私自利的伴侣发展出一段非常混乱的关系。他们确信，只要给予对方足够的、无私的爱，对方也会回应他们的爱。但事实上，这永远不会发生。那些寻找"共生者"的自恋人士已经无可救药了，他们根本不具备真正爱一个人的能力。

我与一位 30 来岁的女性工作了 4 年，她习惯性地与极其糟糕的伴侣在一起。尽管在治疗中我进行了干预、解释，并指出了之前她和母亲的共生关系与当前经历之间的心理动力联系，但遗憾的是，她一直没有什么改变，直到最终进入一段对她来说几乎致命的关系。和以前的伴侣一样，这个男人对她施加了躯体暴力和言语暴力。在又一次施暴后，他抓着她的头发把她拖下楼，当时他以为她已经死了，就吓得逃走了。幸运的是，她恢复了知觉，并设法为自己叫了一辆救护车。这时候，她终于想起了我在过去几年里说的那些话，开始理解我提前说过的那些警告真正意味着什么，她确实是在浪费自己的生命。在这里我很高兴地告诉大家，后来她开始选择"正常"的伴侣了。在这次特别事件发生之前，我也不确定自己的解释或干预对她到底有没有影响。

再举个例子。这个故事的主人公也是一个有不安全 - 回避型依恋模式的人。因为太担心自己会被在意的人抛弃，所以，为了留住对方，她会采取任何极端的手段。争吵既是她和伴侣维持亲密的手段，同时又让他们保持一定的距离。她总是选择那些可以和她"共生"的男人，这种不正常的相处模式能让她得到满足，因为这意味着他需要她，所以不太可能抛弃她。如果一个孩子不幸是被自恋的母亲养大的，他成年后往往就是如此，因为他们已经习惯了"共生"的生活，习惯了与永远只专注自我的母亲之间的共生关系。

## 躯体虐待

有些人认为，应该允许对儿童进行体罚，有些人则认为，永远都不应该打孩子，不管是用手还是其他工具。关于这个问题的争论从未停止。可是，我们现在距"孩子不打不成器"这句俗语被奉为圭臬的时代并不遥远。很多人都对这句话信以为真，并以此为自己的行为辩护。

对孩子进行躯体虐待的父母常常用"合理化"机制来为自己的行为辩护。下面这些借口大家耳熟能详："那时候我妈妈总是很累，压力太大，太焦虑。""真的是我自找的！""我父亲小时候也一样挨打，一点儿事都没有。"而真正的原因是，那些打孩子的父母缺乏控制冲动的能力。这可能是因为他们出现了心理问题，无法控制愤怒，但从来没有寻求过心理援助。情绪失控也可能是由酗酒或吸毒引起的。这些理由常被用来降低虐待行为的恶劣性质，或者试图让虐待行为更容易被人接受，但事实显然不是那么回事。

对受虐儿童和那些已经成年的受虐者来说，被虐待的后果就是让他们变成了惊弓之鸟，不知道自己会在什么时候、因为什么原因挨打。正如我的一位来访者所言："那时候，我常常瑟瑟发抖地坐在和姐姐共用的卧室里，不知道那天晚上他会选我们中的哪一个去挨皮带抽。"这是一种长期持续的恐惧状态，它造成的伤害和实际的躯体虐待或性虐待一样严重。它让受害者永远处于在惶恐中等待的状态："炸弹会在下一秒钟落在我身上吗？"它让人永远处于警觉状态，永远不敢稍有松懈，永远无法摆脱恐惧，这本身就构成了精神虐待。

不管是儿童还是已长大成人，受虐者总是竭力想延续一个假象——他归属于一个幸福、完整的家庭，生活在一个如同动画片《彩虹小马》（*My Little Pony*）一样的世界里。他可能会信誓旦旦地向把他打得半死的父母保证，一定会保守秘密；或者默默地在内心认同"家丑不可外扬"的说法。他害怕一旦说出真相，就会让当下完整的家庭四分五裂。他是真的害怕。在必须依赖父母的年龄，他不敢冒这个险。我记得有一位来访者，是一位名人的妹妹。她告诉我，在她和哥哥成长的过程中，受到了父母的虐待，那是一种让人难以启齿的虐待。但这件事从来没有被提起过，即使是亲戚也不知道。无论从哪方面看，他们都是一个幸福、完整的家庭。保守这样的秘密是非常有害的，它将一个人与整个世界隔离开来，不管他和谁交往，中间都似乎竖立着一道屏障，实际上是把他孤立起来，与任何人都无法建立并维持亲密关系。这种情况和我们下一个要讨论的主题非常相似，同样纠结于是否保守秘密，同样试图维持家庭幸福、完整的假象。这个主题就是儿童性虐待。

## 儿童性虐待

当儿童或青少年与父亲（或母亲）之间存在着性关系或象征性的性关系，或者被一位深受信任的家庭成员性虐待时，乱伦就发生了。这种行为违背了人类最基本的信任准则，正因如此，它对受虐者造成了无与伦比的精神伤害。所以，在人类犯下的所有恶行中，儿童性虐待是最残忍、最令人难以置信的行为之一。父母本该是孩子的保护神，是孩子遇险时首先求助的对象，现在却成为侵略者、迫害者，夺去了孩子的童真。

在过去，是否构成乱伦取决于是否有"插入"行为，其他行为都不算。但现在不是这样了。任何性刺激行为，不论涉及的是生殖器还是其他性敏感区，还是当着儿童的面手淫或暴露生殖器，都构成了性虐待。

除此之外，你可能已经看到了，本节的第一句话中提到了"象征性的性关系"。这种说法的意思是，施虐者可能并没有和儿童进行身体接触，而是不断用暗示性的语言、下流的语气进行性骚扰，这样的行为也是性虐待。还有的施虐者会用各种行为来进行性挑逗，例如，侵入青春期或已成年女儿的私密空间，偷看她们换衣服或洗澡；强迫孩子观看色情图片或拍摄色情照片，这些同样是性虐待行为。

在个案分析部分，大家会读到海伦的经历。她的父亲（在她成年期间）多次在她一丝不挂的时候进入她的卧室和浴室。这就是一个"象征性的性关系"的例子。在海伦与父亲的关系中，这个时期他们并没有身体上接触，但也没有保持恰当的边界。家长有责任守住界限，不要发出混淆的信息。当父母做出这种属于"象征性的性关系"行为的时候，会造成什么后果呢？用一个比喻描述，便是如鲠在喉。有过这种经历的儿童或青少年会对父母怀着一种极其别扭、纠结的情感。简而言之，这意味着他们会持续受到焦虑 - 矛盾型或回避型依恋模式的不利影响。

事实上，乱伦现象并不罕见，也并非只发生在那些贫穷、未受教育的家庭，或者那些把不伦性行为视为古老习俗的"落后"家庭［就像洛瑞·李（Laurie Lee）在他 2002 年出版的《罗茜与苹果酒》（*Cider with Rosie*）一书中所描述的那样］。"那些被猥亵的女孩举止轻佻或咎由自取"

这样的观点也是不正确的，她们是无辜的年轻人，应该受到保护。应该承担责任的永远都是成年人。

不幸的是，大多数乱伦故事都是真实的。正如我们在最近的新闻报道和萨维尔（Savile）性丑闻事件所引发的道德恐慌中看到的那样，社会应该相信那些敢于说出真相的人。他们讲述的经历不应被视为沉迷于弗洛伊德式幻想的青少年虚构出来的故事。的确，弗洛伊德接待了不少来自维也纳中产阶级的女儿，她们向他描述了与父亲和类似父亲的角色发生性关系的经历。当对她们的初期治疗（这个阶段他相信她们的讲述是真的）没有产生"治愈"效果（根据弗洛伊德的说法），觉得许多分析都以失败告终时，弗洛伊德改变了之前的想法，认为这些年轻女性的故事并不是真实的。在写给他的朋友弗里斯（Fliess）的一封信中，弗洛伊德认为这些年轻女子陷入了她们自己的幻想状态。虽然弗洛伊德说他之所以会改变想法，是因为分析没有得出让他满意的结论，但我认为这不足以解释他在态度上的 180 度大转弯。我想，弗洛伊德大概很担心，如果维也纳上流社会的人知道他们的女儿在指责父母实施性虐待，自己会受到他们的抵制。我认为，也许他是出于现实和功利的考虑，想要维护自己的声誉和收入来源，因此，把来访者的讲述归为幻想，这是一种识时务的选择。令人遗憾的是，从那时起，关于儿童"性虐待幻想"的说法就开始在全社会蔓延，并因此推迟了那些性虐待受害者被认真对待的时代的到来。

## 言语虐待

儿童或青少年可能会受到多种形式的言语虐待，包括被取笑、被讽刺、反复被喊侮辱性的绰号、被转弯抹角地羞辱、毫不掩饰攻击性的被评论、被刻薄的言语持续轰炸。其中任何一样都会重创一个人的自我价值感。所有这些做法都会对孩子产生极端负面的影响，并且是形成"功能失调型依恋模式"的一大诱因。孩子很可能会因受伤太深而发誓再也不让人靠近自己，从而形成不安全 - 回避型依恋模式。另外一种可能是，孩子会怀着一丝渺茫的希望："如果我这样做……或者那样做……可能妈妈就会爱我、说些好听的话。"这样的孩子会形成不安全 - 矛盾型依恋模式。

还有一种可能是，父母过于要求完美，孩子永远都不可能达到父母的期望。这种情况经常发生在那些有很高成就或者希望子女替自己圆梦的父母身上。例如，他们可能曾经梦想成为演员，所以一心想让孩子成为演员，间接地实现自己的梦想。

以上任一种情况都可能会导致孩子心灰意冷、自暴自弃。孩子会认为："既然我做不到完美，那又何必尝试呢。"还有一种言语虐待，是父母反复说一些最残忍的话，这些话就像鞭子一样，一次次抽打孩子幼小的心灵："我从没真正想要你。"或者"你是个错误。"在孩子看来，这相当于父母在说："我希望你从来没出生！"还有什么样的伤害会比这更直击灵魂呢？有一个会说出这种话的父母，孩子又怎么可能拥有"安全基地"呢？

## 过度控制

有些父母不允许他们的孩子成长和独立。作为一名治疗师，多年来我一直强调，父母最困难的任务就是知道该如何让孩子自由地成长，在什么时候该放手让他走自己的路。对很多父母来说，放手让孩子独自踏入成年人的世界太难了。我们担心他们会犯错、会受伤，担心他们会被毁掉，如因遭遇严重的交通事故而再也无法回到我们身边。我们会觉得，一旦让他们离开我们的视线，他们就会忘记我们，永远都不想再回来，或者很少回来，让我们牵肠挂肚。我们可能想把毕生的经验、教训都教给他们，但年轻人必须从自己的亲身经历中吸取生活的教训，要在成年初期尝试独立地生活。

我们可能会觉得，如果没有孩子在家里，生活就毫无意义；我们可能会觉得，"孩子就是自己生活的全部"，这显然是"空巢综合征"的核心症状，当孩子离家去上大学或与终身伴侣建立小家庭时，许多人都会产生这样的体验。

我们大多数人都能对这样的感受进行自我调节，同意孩子搬出去，拥有他们渴望和应得的自由。但一些父母会非常矛盾和痛苦，在孩子的青春期，他们就想方设法地控制他，在孩子成年后，他们还想继续这样做。他们可能会威胁切断与孩子所有的联系，除非他听从父母的要求。还有的父母会用更隐晦的手段控制孩子，如身体不适、假装生病、以疾病或自杀相威胁等。自杀威胁可能是直接的，也可能是变相的，也有可能说一些类似以下这样的话："你这样做会让我中风，我可能会死！""你让我太难受了，我不活了！""我的心经不起被你这样伤！"。

成年子女可能会用"反向形成"这一防御机制来应付父母。他们会以生病或健康状况不佳为借口，避免与父母对抗或者回避不想参加的活动。可能连他们自己都没有意识到，他们正在使用防御机制。但众所周知，当陷入高度紧张的心理冲突时，心身疾病是一种常见的防御手段。他们很可能早就知道，疾病是一种用来操纵他人、博取关注、达成目的的手段，也是一种避免不愉快的方法。在意识层面，他们很可能并没有觉察到，虽然自己的疾病似乎有具体的躯体症状，但事实上是内在心理冲突的症状。

还有一些成年子女，因为其经济命脉掌握在父母手里，所以不得不受他们的控制。我的一个来访者就是这样，她欠了父亲一大笔债，不得不对父亲保持忠诚和顺从。他会隔三岔五地给她几千块，帮助她摆脱经济上的窘境。虽然这样的数目不能让她实现经济独立，但足以让她的经济状况得到明显改善。还有一位来访者，因为她是一名单亲妈妈，必须依赖父母帮忙照看孩子，所以不得不对他们百依百顺、俯首帖耳。

当这样的子女还处于童年期的时候，除了接受父母的控制行为，他们无计可施。也许等长大一些，在精神上更成熟之后，他们会培养出足够的心理弹性，以摆脱父母的羞辱或反复讥笑造成的影响。不管是哪一种情况，一旦成年就尽量不要再让自己受制于父母，这样才能获得解放。但这并不容易，特别是当他们仍然想努力保持一个幸福、完整家庭的假象时。为了让自己面对现实，他们必须抛弃幻想，打破假象，这样才能保证生出新的自我价值感。然后，在稳定的长程心理治疗的帮助下，可能会体验到"习得安全感"——感觉在一天结束的时候，有一个可以回去休憩的地方；当举步维艰、生活艰难的时候，有一个能让你打起精神重整旗鼓的地方，这就是"安全基地"。

## 结束语

"有毒的父母"将"有毒的爱"和虐待混合在一起，用这种"有毒的营养"喂养自己的孩子，这些孩子在成年后毫无悬念地形成了不安全 - 回避型或不安全 - 矛盾型依恋模式。形成了这样的依恋模式后，他们就像被诅咒了一样，反反复复、不由自主地把每一段关系都搞得不愉快，不管对方是伴侣、子女、朋友还是同事，最终导致他们在生活中四处碰壁，举步维艰。所以，他们极有可能在人生处于"山重水复疑无路"的时刻，前来寻求心理咨询或治疗，希望能从治疗师那里得到一些客观的建议，帮助他们实现"柳暗花明又一村"。他们没办法依靠自己走出困境，因为他们缺乏"心理弹性"，而这只能从安全依恋中获得。正是出于这个原因，我在这一章中加入了"有毒的父母"这一主题。

在此要感谢苏珊·福斯特（Susan forward）在《有毒的父母》（*Toxic Parents*）一书中提出的观点，也要感谢迈克尔·艾根（Michael Eigen）在《有毒的营养》（*Toxic Nourishment*）一书中提出的观点。

第 8 章

# 情感对婴儿大脑的
# 影响

## 苏·格哈特的著作

首先要感谢苏·格哈特，在我看来，他创作的《为什么爱很重要：情感如何塑造婴儿的大脑》是一本伟大的、具有开创性意义的著作。他在其中提出，婴儿在成长中是否体验到来自外界的爱护以及是否有和他人互动的经验极其重要，直接影响着婴儿大脑的生理发育以及他这一生向人表达情感的能力。本章参考了其中的大量信息，因为我认为，阅读这些内容会让人感觉醍醐灌顶，深受启发。

格哈特在书中提到了一些重大发现：婴儿与其主要依恋对象的互动（特别是出生后的 18 个月），对其大脑的生理形成有着实质性的影响。以罗马尼亚的婴儿为例，他们整天躺在婴儿床上，根本没有与成年人亲密接触的机会。令人惊骇的是，他们的眶额皮层没有得到发育，仿佛他们的大脑里存在着一个"黑洞"。这种现象被认为是在成长关键期缺乏与成年人社交接触的直接结果。

在婴儿出生后的最初几个月，前扣带回会逐渐发育成熟，它环绕着由杏仁核和下丘脑组成的情感中枢。前扣带回的主要目的是让婴儿记住哪些经历会带来痛苦（如分离、被抛弃、冲突等），哪些经历会带来快乐（如被父母抱在怀里、被安抚呵护或有人温柔地对他讲话等）。婴儿开始产生对外界的期望，并开始有了自己的"小算盘"，用经济学术语来说，这叫作"成本 - 收益分析"，也就是权衡利弊：如果这件事发生了，有什么好处？中间可能会有哪些不利的因素？

随着婴儿眶额皮层的发育，这种新出现的权衡利弊的能力会逐渐得到加强。眶额皮层在个人的情感生活中起着关键性的作用，戈尔曼（Goleman）指出，我们通常所说的"情商"就是由大脑的这个区域负责的。它与杏仁核相连，记录与面部表情和语音、语调相关的情绪。但眶额皮层的功能可不只这些，它在抑制冲动行为方面也发挥着自己的作用，是我们的自制力和意志力的基础。它有助于抑制我们的愤怒反应，关闭我们的恐惧通道。换句话说，当我们面临能够引发高度焦虑的情境时，它会唤醒我们的"战或逃"反应。

我还注意到一个非常触动我的点，即一个人并不是生来就有自制力。正如我之前指出的，眶额皮层的发育完全依赖于发展过程中与他人的社交互动，尤其是在出生后的 18 个月内。与那些只停留在一个小圈子里的人相比，拥有庞大社交网络的人也拥有更大容量的眶额皮层。这不禁让人想起关于罗马尼亚孤儿的那个研究。在该研究之前，哈洛在 20 世纪 50 年代就发现，那些在出生后第一年就被隔离的猴子患上了自闭症，缺乏与其他猴子交往的能力。

研究人员发现，如果没有得到足够的刺激，婴儿的眶额皮层是不会发育的。如果幼时与照顾者的关系出现了严重问题，婴儿在情感或躯体上都受到了虐待或忽视时，眶额皮层就会一直保持较小的体积。婴儿很早就能识别出父母的气味、触觉和声音，如果紧跟着这些刺激的是爱抚，他们就会做出愉悦的反应。但遗憾的是，如果紧随而至的是惩罚，这样的神经通道就无法形成。

研究人员还发现，婴儿的心跳与父母的心跳是同步的。当我的狗狗把它的脖子贴在我脖子上的脉搏上时，它一激动我们的脉搏就会保持一致，这不是巧合。每当狗狗情绪激动的时候，这样的行为能让它得到安抚，并很快平静下来。狗狗利用自己的本能解决了问题。

圣母玛利亚的形象成为人类文化的象征并非偶然。当看到圣母脸上带着幸福的微笑，用怀着爱意和惊奇的眼神，低头俯视她奇迹般生下的儿子时，很多人都从中获得了慰藉和平静。多年来，我一次又一次地回到布鲁日圣母教堂，入迷地凝视着米开朗琪罗（Michelangelo）创作的圣母和婴儿时期的耶稣雕像。

## 艾伦·舒尔的发现

婴儿会以父母的面部表情为信息来源，通过察言观色来判断自己该做什么和不该做什么，这种能力被称为社会参照。这是一个所有人都应该学习的重要技能。

艾伦·舒尔（Allan Schore）甚至认为，察言观色比只学习社会参照有用得多。他认为，仔细观察人脸、微笑和表情，实际上有助于婴儿的大脑发育。舒尔认为，积极的表情是大脑发展出社交意识和情商的关键刺激因素。

婴儿认识到，母亲瞳孔扩张是对快乐的一种生理反应，于是他自己的心跳也随之加快了。紧接着，他体内会释放出一种内源性阿克类物质，让他感觉良好，然后会释放出葡萄糖，促进更多神经元的生长。与此同时，多巴胺也得到了释放，它同样能让婴儿感觉良好。多巴胺还会增加人体对葡萄糖的摄取，促进大脑的生长。所以，婴儿从母亲或父亲溺爱的眼神或爱抚中获得的快乐触发了一个连锁反应，促进了眶额皮层的生长。事实上，那些备受宠爱的婴儿在出生仅一年后，大脑的重量就会增加一倍。

婴儿出生时就拥有一定数量的神经元，在 6~12 个月大时，他们的前额叶皮层还会发生爆发性的、大规模的突触连接。这些关于大脑发育理论的发现为鲍尔比的依恋理论提供了生物的、实验的支持证据。从 20 世纪 50 年代开始，鲍尔比就一再表示，对每个人来说，只要他想成为一个功能健全、积极主动、努力参与的社会成员，他的依恋体验就是关键所在。鲍尔比的观点有充分的科学依据，比他自己确认的还要充分。这也是为什么我觉得格哈特的书如此具有启迪意义的原因之一。无可否认，鲍尔比参考了哈洛和洛伦兹的动物实验，将依恋理论和动物行为学联系起来的创举具有深远的意义。

此外，在这个阶段，当婴儿意识到自己是一个和父母分离的实体时，就变成了一个具有社会性的存在，这对婴儿的发展至关重要。随着婴儿从蹒跚学步到迎来会走路这一激动人心的时刻，再到学会其他一些能够让他越来越不需要依赖父母的运动技能，"分离 - 个体化"的过程不断加快。

在探索周围环境和与他人的关系时，蹒跚学步的孩子在持续运用其大脑。他逐渐把各种体验联系起来，注意到那些反复发生的事情，并在无意识状态下将摄入的信息存储起来。例如，在我两岁半的时候，我的直觉告诉我，每当父亲做了什么让我或妹妹不开心的事情，母亲就会冲他大发脾气。

所以，那次当他拿着盛满煤块的大铲子绕过沙发准备去生火，却不小心撞破了我的上嘴唇时，我的第一个念头是："我不能哭！如果我小题大做，爸爸就会有麻烦。"你看，在两岁半的时候，我就种下了强迫性关心他人的种子。

从这个例子中我们可以看到，年幼的孩子是如何存储意象、如何处理面部视觉模式并将其与情绪联系起来的。我们用意象来承载自己的联想。行文至此，自然就说到了精神分析中关于"联想"和"无意识过程"的概念。这就为我们提供了一些理论基础，帮助我们更好地理解幼年经历是如何深刻地影响着一个人之后的人生、其依恋体验及其对外部世界的反应的。

负性体验、负性视觉表情也会触发体内的生物化学反应。可惜，它们触发的是皮质醇，而皮质醇会抑制内啡肽和多巴胺的分泌。这就意味着此时人体既不会感觉良好，也不会产生葡萄糖，也就无法让大脑得到发育，因为正如我之前所言，大脑的发育离不开葡萄糖。羞耻感这种很常见的负性情绪会导致人体的血压突然下降、呼吸变得急促。这些生理变化对大脑的生长发育没有一点好处。

一定要认识到，我们的大脑是用进废退的，所以一定要经常使用大脑——越多越好。这个原则既适用于我们这些成人，也适用于婴儿。最近有文献记载，防止老年痴呆的一个很好的方法就是多多用脑。就像俗话所说的：要么动脑子，要么没脑子。现在专业人士正引导广大退休人员多动脑子，最好每天进行一定的阅读，如果做不到这一点，也可以玩填字游戏和数独，或者去户外散步、锻炼也是很好的方法。

说一件有趣的事，大家都知道，在爱因斯坦去世后，他的大脑被泡在溶液里保存了起来。加拿大研究人员在对这个大脑进行检查时，发现它比同龄死者的大脑大了约15%。研究人员推测，这是因为爱因斯坦在形成"相对论"的过程中需要不断地使用大脑，所以这个大脑的使用程度比绝大多数人都高。

# 言语自我

　　大脑早期情感发展的最后阶段是言语自我（verbal self）的发展，这涉及背外侧前额叶皮层的生长。这里就是我们熟知的工作记忆（working memory）所在之处，是我们处理想法和感觉的区域，也是我们使用语言在我们的头脑中"仔细考虑各种想法"时动用的部位。这种语言能力是基于左脑的。如果一个人正努力进行"心智化"或发展"反思功能"，大脑的这个区域可能会发展得飞快。

　　如果照顾者能够准确地表达自己的感受，并具有情绪修养，他们就能够将孩子当下的感受用语言描述出来，换句话说，他们会对孩子说出诸如"现在你感到难过""现在你感到生气""现在你觉得很好玩""现在你觉得无聊""现在你眼泪汪汪""现在你觉得累了"这样的话。通过这种方式，幼儿学会了给自己的各种感受命名并区分它们，学会了向母亲、父亲和兄弟姐妹表达自己的感受，还学会了照顾他人的感受。反之，如果幼儿没有从父母那里获取这些信息，可能就会变得孤僻、退缩，无法与人沟通。成年以后，如果他们在工作中遇到困难，也没办法与同事准确沟通到底出了什么问题。等到初为人母，在面对处于绝对依赖期的新生儿时，即使发现有什么不妥也无法清晰地表达。还有一种情况是，因为幼儿无法通过语言渠道来表达感受，所以他们会以其他方式将这些感受表达出来，躯体化就是其中的一种，即以某些疾病形式来表达，如周期性发作的偏头痛、纤维肌痛、肠易激综合征等。也许他们从过往的经验中知道，不一定非得用言语来表达精神上的痛苦，当他们生病或抱怨身体上疼痛的时候，内心的难过同样得到了表达，还不会受到惩罚。但在意识层面，他们并不清楚自己在干什么。他们会感受到真实的疼痛，可能是偏头痛，也可能是类似牙痛的严重纤维肌痛。不管怎样，这些疼痛都是源于躯体而非生理。不过，必须说清楚的是，心身疾病的痛苦是非常真实的，绝不是装模作样或凭空想象。这种疾病通常是器质性和心身性两种因素共同作用的结果。

# 培养叙事能力

随着孩子逐渐长大，培养其叙事能力成为发展目标之一。也就是说，他们要学会将过往经历有条理、有秩序地组织起来，形成一个连贯的故事。这就要求他们能够按照事情发生的先后顺序回忆起往事，还要对过去、现在和未来具有清晰的时间概念。玛丽·梅因在研究成人依恋模式时惊讶地发现，是否拥有叙事能力对个体而言极其重要。叙事能力是指将生活事件以有序、连贯、一致的形式组织起来并以不带过度情绪的方式进行讲述的能力。研究人员发现，实际发生过的事情是否具有创伤性并不是最重要的，最重要的是讲述者是否拥有"自传能力"。如果一个人在讲述一个连贯的故事时，总是不由自主地陷入痛苦纠结的记忆和情感中，那么，不论他讲述的是什么样的故事，都会被归类为不安全型。正如我之前在讨论 AAI 时所说的，如果一个来访者说她和母亲关系很好，却又无法用任何具体的例子或回忆来证实这种说法，她的叙事就会被认定为前后矛盾。

所以，对成人来说，在依恋中是否有安全感，是否能为自己的孩子提供一个"安全基地"，都取决于他是否有能力将迄今为止的人生经历有条理、有逻辑地组织起来并形成连贯的叙事；是否有能力将过往的体验用充满画面感的讲述和一系列意象呈现出来以拼成完整的图画。所有意象连接起来要构成一个完整的故事，按照事件发生的先后顺序，囊括个体生活中所有值得注意的大事和小事。这个故事要有开头，有中间的情节发展，还有结尾。

把感受转化成语言的过程似乎有助于左右脑的整合。也许这就是为什么我们在阅读简德林（Gendlin）关于聚焦的著作时常常忍不住拍案叫绝，产生一种"就是这样！说得太到位了"的感觉。让人感觉如此痛快的，就是用语言精准描述出真实感受的表达能力。在个体治疗中，当治疗师用寥寥数语淋漓尽致地道出我们在那个特定时刻的复杂感受时，很多人都会产生酣畅淋漓的满足感。想想看，一个自己深深在意的人能够如此透彻地理解自己，这怎能不让人如获至宝！把来访者的感受和想法用言语表达出来，正是精神分析的看家本领。弗洛伊德说过，我们同时在两个层面和来访者对话：一个是意识层面，另一个是无意识层面。

---

## 结束语

　　本章将个体的大脑发育与其情感体验联系起来，希望能够为鲍尔比的依恋理论提供一些科学依据。在他生活的那个时代，神经科学还未达到现在这样的发展程度，所以他无法做出这样的联系。当然，他确实参考了动物行为学领域的一些研究发现。令人欣慰的是，以生物学和大脑发育之间的联系为主题的最新研究已经证实，鲍尔比的理论具有科学上的合理性。

第三部分

"习得安全感"的
理论基础

第 9 章

# 海因茨·科胡特：
# 自体心理学

如果要考究海因茨·科胡特（Heinz Kohut）理论的来龙去脉，那首先要知道，他的学术研究始于对弗洛伊德经典精神分析的信仰。虽然科胡特也是维也纳人，但在从 1958 年开始的十来年里，他一直在美国的大学教书，专门讲授一门两年制课程。在这期间，他着重指出，以精神分析为基础的理论一定要与时俱进。他之所以强调这一点，部分原因是他确实认为理论需要向前发展，不断吸收新一代思想家的思想；部分原因是为了保护自己，因为他的一些观点已经开始逐渐偏离经典精神分析的理念，他担心自己会被同事和朋友群起而攻之。在接下来的几十年里，科胡特的精神分析概念逐渐进入大众视野，直到 1981 他不幸英年早逝。当时，北美精神分析领域很多与他同时代的人都对经典精神分析教条深信不疑，大多数学术论文开篇就会引用弗洛伊德的话以示正统。

在 20 世纪 50 年代到 60 年代的这段教师生涯中，科胡特在他讲授的课程里追溯了弗洛伊德学说的发展历程。后来，他逐渐有勇气提出了自己的观点，并把这些介绍给听课的学生。到后来，他不但在课堂上传播自己的观点，还在学术研讨上向同事和朋友们宣传。有一段时间他还担任美国精神分析协会主席。

弗洛伊德深受他所处时代的道德标准和社会环境的影响，科胡特对此很不喜欢。他认为，虽然理论上分析师应对自恋持中立态度，但私下里他们通常认为自恋是个体身上一种令人讨厌的毛病。他认为，这是因为在西方文明社会中，我们被教导要行事无私，以爱待人。相反，表现得自恋则意味着我们只为自己着想，这被认为是不得体的。不仅如此，他还觉得弗洛伊德的理论在形成过程中受到了生物科学和达尔文式理论的影响。因此他认为，弗洛伊德提出的驱力理论是为了迎合当时的主流思想。尽管弗洛伊德开创了全新的理论主张，却无法脱离其所处时代的精神，所以，那个年代秉持的"重男轻女""以父为天"等社会规范和价值观束缚了他。

科胡特很喜欢弗洛伊德的心理经济学观点并深以为然。弗洛伊德认为，当个体无法控制自己的情绪反应时，他的心灵有可能在压力之下分崩离析，对此科胡特很赞同。他明确指出，最关键的并非创伤事件本身的内容，而是它对个体的意义。这往往取决于个体在创伤事件发生时情感的成熟（或不成熟）程度。科胡特认为，当伴随的情感反应将个体击垮，使大脑失去了应对创伤事件的能力时，创伤就发生了。他认为，只能通过受创伤者的报告或观察者在创伤状态下的共情式沉浸来确认创伤是否真的发生了。"共情式沉浸"（empathic immersion）一词为他后来提出的著名概念"替代性内省"（vicarious introspection）奠定了基础。他认为，在精神分析问询中，用"共情式沉浸"来收集数据是唯一合理的方法。

# 科胡特的首篇论文：一块指示牌

从科胡特发表的第一篇论文中我们就可以清楚地看到他感兴趣的理论方向。这篇论文写于 1948 年，但直到托马斯·曼（Thomas Mann）去世后才得以发表。这篇论文的题目是《托马斯·曼的〈魂断威尼斯〉：艺术升华的瓦解》（*Death in Venice by Thomas Mann: a story about the disintegration of artistic sublimation*）。在这篇论文中，科胡特对曼的中篇小说《魂断威尼斯》进行了深度剖析。这篇小说生动地描述了著名作家奥森巴赫（Aschenbach）的情感逐步瓦解的过程。曼和科胡特都认识到，奥森巴赫陷入了对强势父亲的俄狄浦斯之爱中，为了防止情感瓦解，他试图将情感集中在对一个英俊少年（塔齐奥）的迷恋上。当奥森巴赫对塔齐奥的爱没有得到回报时，他试图将所有创造力都投入到写作上，但这并没有让他从焦虑中解脱出来。我复述这个故事的目的是为了举例说明，这个故事为我们提供了一个证据，证明奥森巴赫这个人物之所以吸引科胡特，是因为他没有科胡特后来定义的"自体客体"（selfobject）。不过，这篇论文证明，其实他当时已经对这个概念有所认识。他在文中指出：

> 奥森巴赫与现实之间没有客体原欲（object-libidinal）这一连接纽带。这大概也是曼一直觉得安慰的地方，尽管暂时感到孤独，但他觉得自己与家人在情感上足够亲密，所以奥森巴赫的命运不会落在他的头上。

当我们从精神分析的角度阅读这篇论文时，在这里首次发现了科胡特的"自体客体"概念，这是后来他提出的主要概念之一。

# 音乐·断裂·修复

在另一篇与人合著的论文《论听音乐的乐趣》（*On the enjoyment of listening to music*）中，科胡特和另一位作者讨论了音乐家在演奏中从和谐音到不和谐音再回到和谐音的过程。换句话说，音乐家们是从一种连接状态走向断裂，接着是一种修复、团聚的快乐体验，也许在某种程度上，还有一种"融合"的感觉。通过对这篇论文的分析，我们可以看出，其实科胡特琢磨的是"经验贴近"（experience-near）和"经验远离"（experience-distant）的概念，这两个后来出现在其著作中的概念对心理学界产生了深远的影响。如果要用不同于科胡特的语言来表达，该概念就是"破裂"与"修复"之间的联系。在前文中我强调过此概念在发展"习得安全感"过程中的重要性。

## 自恋的形式

科胡特指出，刚开始的时候，婴儿认为存在是一种幸福的状态，一切都是完美的，他的一切需要都会立刻得到满足。而在现实中，通常情况下母亲是不可能提供这么完美的环境的，所以婴儿会同时发展出两个系统："夸大自体"（the grandiose self）和"理想化双亲影像"（the idealized parental imago）。下面我将逐一进行解释。

在"夸大自体"系统中，婴儿试图让自体内部的一切都是完美、美好、令人愉悦的，把所有不好的东西都拒之门外。这与克莱因认为婴儿将世界分裂为"好"和"坏"两部分的观点一致。科胡特用"夸大"一词或许并不可取，因为在大多数人心目中这是个贬义词。他之前称这种现象为"自恋的自体"（the narcissistic self），这种叫法可能带有更大的贬义色彩。西格尔（Siegel）花了很多时间描写科胡特，他认为"膨胀的自体"（the expansive self）可能更好。"夸大自体"一词总是让我联想到超级英雄的形象，在电影《超人》（*Superman*）中，他能飞越高大的建筑物，力大无比，拥有神秘的力量，无所不能。但我的脑海中也会浮现出黑爵士（Black Adder）和鲍德里克（Baldrick）的形象，他们与超级英雄几乎完全相反，属于富有戏剧性的小人物，尽管非常努力地想成为他们那个时代的超级英雄，但总是失败。不知你是否记得《摩登原始人》（*Flintstones*）中石器时代的人物弗雷德（Fred）、巴尼（Barney）和他们的曲折故事，他们也非常努力地想成为超级英雄，但却以喜剧性的失败收场。喜剧的精髓在于演员的滑稽动作，所以他们的表演异常浮夸，看上去显得有些可怜。人们之所以觉得这些小人物好笑，是因为真正的超级英雄是全能的，他们可以一跃飞过大楼，一步登上山巅，不用只言片语，凭直觉就知道别人在想什么。这让人想起黑魔法巧克力广告中的黑衣人，他能把巧克力礼物送到一座与世隔绝的高山之巅。不过，浮夸的孩子或成人实际上更像反超级英雄的黑爵士。科胡特说，在面对这样的来访者时，治疗师要赞美他们做出的那些浮夸的努力，让他们看到你眼里崇拜的光芒，温和亲切地、循序渐进地让他们的"夸大自体"知道，他们还可以选择另外一种生活方式，不必总是幻想自己有多伟大。

在这个阶段，"夸大自体"会觉得，自己与"理想化双亲影像"是一体的，二者之间没有分界线。这就是"融合"（merging）和"另我"（twinship）两个概念登场之处。一体感会给自恋型人格者带来一种完整、圆满和被抚慰的感觉。

正如我前面所说，在良好的成长环境中，父母要一步一步让孩子从完美的错觉中醒过来，让他一点一点地意识到世界并不完美，父母也不完美。科胡特将这个渐进的过程命名为"恰到好处的挫折"（optimal frustration），概括性地形容了孩子逐渐失去对父母的理想化意识的过程。孩子会产生挫折感，但这个过程是逐渐完成的，所以他可以在没有创伤的前提下接受这种变化。然而，有很多孩子却是在突然之间意识到，现实中的父母与他们的理想化双亲影像原来相差如此之远。相比之下，如果孩子是逐渐意识到父母的不完美，并且父母（通常是母亲，但并非总是如此）能够完全理解他，既不会让他感觉过于刺激，也不会消极被动，他就会逐渐接受父母能力有限的事实，并改变他对双亲的理想化看法。同样的过程也适用于如何避免孩子理想化的自我意象突然破裂。如果孩子通常得到的是赞扬而不是嘲笑，但随着时间的推移，孩子接触的世界不断扩大，他们就会逐渐意识到了自己并不完美，现实原则就会一点点崭露头角，从而取代浮夸自大。

在这个阶段，孩子爱出风头是正常行为，父母不应该因此笑话他们。孩子此时特别渴望被人崇拜。用温尼科特的话说，在这个阶段，母亲需要"把宝贝的那些令人骄傲的优点画在他身上"。西格尔则称，孩子需要看到母亲眼中赞许的光芒，这样才能维持他那无处不在的自恋原欲，因为它现在关系到不同成熟阶段的功能和活动。

在治疗中我们看到，这种发生在孩子和父母之间的模式会在精神分析治疗的早期阶段在治疗师和来访者之间重现。事实上，治疗师的"共情式沉浸"和协调一致有助于在治疗早期创造出"融合"的氛围。就像现实生活中的孩子逐渐意识到，他并不是"理想化双亲影像"的一部分，而是独立于父母之外一样，来访者也会逐渐意识到他和治疗师的区别。治疗师的工作慢慢从同步走向补充，为来访者提供更多挑战，让他们尝试新的生活方式并开始想象一种与现在完全不同的生活。

在良好的发展条件下，自恋通过一种被科胡特称为"转换性内化"（transmuting internalization）的过程逐渐发生转变。这让我想起了弗洛伊德在《哀伤与忧郁》（Mourning and melancholia）中描述的哀伤过程。按照弗洛伊德的说法，投注到丧失客体身上的力比多会被逐渐撤回，并以无意识记忆的形式被内化，失去的客体成为哀伤者人格的一部分。在科胡特看来，当失望是逐渐袭来并在可承受范围之内时，个体也会经历这个过程。这种内化过程还会帮助个体培养出创造力、幽默感、同理心、智慧和对无常（明白世间万物不是恒久不变）的觉知。

孩子会将自己的客体体验为自己的一部分，因此科胡特将这些客体（通常是母亲，成年后可能是治疗师）命名为"自体客体"也就不足为奇了。直到 1978 年，科胡特才将这个单词（selfobject）加上连字符，变成了"self-object"，但随后他又去掉了连字符，以此来强调他的观点，即在这个阶段，婴儿并没有意识到"客体"与"自体"是分离的。莫隆（Mollon）将"自体客体"关系描述为来访者从他人的布料中编织出自我。我认为这种说法简洁而富有诗意地描述了这个过程。

当个体因突然的幻灭而招致重创时，根据创伤发生的不同时间，个体会表现出不同的行为。如果创伤发生在前俄狄浦斯期早期，个体可能会出现成瘾行为。相反，如果创伤发生在前俄狄浦斯期的后期，成年后的个体可能会出现滥交行为。这两种行为都代表着个体试图进行自我安慰。

## 自体客体

当个体经历了创伤，"自恋的自体"在他成年后还如影随形，不肯离去，那就很有可能需要治疗师出手相助了。这种来访者需要的是哪种类型的治疗呢？最好是那种治疗师可以充当"自体客体"的治疗模式，也就是说，治疗师要在一段时间内成为来访者的"理想化双亲影像"。在接下来几年的治疗中，治疗师希望来访者能够发展出三种不同但互补的移情：另我移情（twinship transference）、理想化移情（idealized transference）和镜像移情（mirroring transference）。在第四部分中尼克的个案就是一个很好的例子。下面我将依次对这几种移情形式做出解释。

## 另我移情

在另我移情中，来访者认为治疗师"就像我一样"。在尼克的个案中，他说其实我"不过是个小女孩"，就像他"不过是个小男孩"一样。这样的想法让他感到安慰，让他有了一种融合感，觉得我们是一体的。他指的是我们年幼时都经历过创伤，到现在都还带着伤疤。在治疗的这一阶段，如果治疗师因为各种原因暂停治疗，来访者就会发出抱怨，并将其视为分离的证据。

## 理想化移情

还是同一个来访者，在经历理想化移情时，正是治疗开始后的前几年，他认为我是"完美的""一个理想的母亲""什么都知道""永远知道该做什么"。这是一个自然的发展阶段，但也有缺点——它往往会给治疗师附加无法胜任的力量。

在理想化移情中，来访者通常会把治疗中出现的任何中断都视为要与治疗师分离的迹象。同样，没能得到治疗师即时的理解也会被视为一种创伤。我还记得，在一次因故中断之后，来访者说他不知道是否要继续每周两次的治疗，刻意以此表达他对我离开的不满。我认为这是一种威胁，因为我居然敢不把他的需求放在第一位，转而去做别的事情。治疗师一定要根据来访者当时的自恋需求来调整自己的共情水平，对来访者因此类事件产生的沮丧和愤怒表示理解，千万不要表现出不耐烦或不理解。一定要挖掘出埋藏在实际发生的事件下面的心理意义，千万不要只看表面。

## 镜像移情

来访者在体验这种移情时，会期望对他的治疗师实施绝对的控制和统治。在这个阶段，治疗师会被来访者体验为他延伸出去的一部分。我在上一本书中提到过一个复合扩展型个案，我描述了许多年前的一个晚上，我醒来时惊恐地发现一个来访者正在我的卧室里。现在我明白了，这个来访者当时正深陷镜像移情中，搞不清他对我的统治疆域该在哪里结束。所以，他暂时失去了边界感，侵入了我的私人空间。西格尔言简意赅地指出："当治疗师被来访者体验为自体的一部分时，她们往往会觉得这种移情太具压迫性，所以常常会揭竿而起反抗它的暴政。"我差点就这样做了。幸运的是，我最终接纳了来访者在这一阶段的移情，将其视为他需要解决的问题，而非侵犯行为。虽然边界已被破坏得七零八落，但我们仍然坚持继续工作。

然而，当我有幸"事后诸葛亮"般地回顾这一事件时，才意识到这更多是一种侥幸，而非判断。事实上，我已经意识到，如果在这个阶段向来访者强调他的要求不现实，绝对不是明智的行为，虽然有点矛盾，但更明智的做法是，承认在这个早期修通阶段，他们这样做是可以的。通过一些不易察觉的、通常连治疗师也无法清晰表达出来的变化，来访者逐渐学会减少镜像移情，并逐渐放弃对自己夸大的看法。

## 科胡特的核心概念：共情

科胡特在死前一段时间就知道自己已经是白血病晚期。除了近亲之外，他没有告诉任何人，但这实际上让他的写作变得更"实在"了。他旗帜鲜明地表达了与古典精神分析不一致的立场，坦然面对因独树一帜而招致的仇恨和敌意，这些仇恨和敌意来自他在美国精神分析协会的许多前同事和朋友。

在去世的前三天，他提交了他的最后一篇论文《论共情》（*On empathy*）。在这篇论文中，他称自己有"有义务澄清一些错误"，因为在前几年，他关于共情的观点经常被错误地引用。

他已经表达得够清楚了，在精神分析式问询中，"共情式沉浸"是收集数据唯一正确合理的方式。他认为，分析师应将自己沉浸在对来访者体验的感知中，并认真反思该体验的本质。

科胡特认为，儿童体验到的最严重的痛苦，来自那些没有丝毫共情、人格空虚乏味的照顾者。你可能已经注意到了，本书第二部分提到的几个概念都涉及这一点。例如，格林提出的"死寂母亲"概念，以及其他原因导致的母亲情感冷漠。我还用了整整一章的篇幅描述儿童遭受的母爱剥夺，因为母亲的心思完全被别的事物占据了（如吸毒、酗酒、经济窘境、两性关系等），导致儿童既得不到母亲的陪伴，也感受不到母亲的爱。

在治疗中，理想状态是来访者从一开始就能通过"共情性调谐"体验到治疗师的"抱持"。温尼科特称其为"抱持"，比昂称其为"容纳"，斯特恩称其为"调谐"。在我看来，它们指的是一种类似的状态。

科胡特将这种形式的共情称为"经验贴近"，也就是说，在治疗过程中，治疗师要尽最大努力去贴近来访者此时此地的体验和感受，并将这些体验和感受清楚地表达出来，如来访者在治疗过程中的某个特定时刻、因某种特定情境引发的焦虑。不过，"经验贴近"之后，治疗师就会转向科胡特所说的"经验远离"形式的共情。"经验远离"是在什么情况下发生的呢？是在当治疗师要向来访者表达、回应她对来访者所有感受的理解，并对来访者的想法或感受提供一种解释的时候，用精神分析的语言来说，她正在使用"解释"技术。

在我整合三种理论（科胡特的自体心理学，鲍尔比的依恋理论，史托罗楼、阿特伍德和布兰查夫特的主体间性理论）时，"共情"是将它们联系起来的概念之一。在整合过程中，科胡特关于"共情"的两个定义给了我很大的帮助。"共情"是这三个理论共有的概念，在对它进一步抽象提炼后，我以它为纽带将这三个理论结合起来。我还打算对"共情"概念赋予一种特殊含义。在下一章中我们将具体讨论这个问题，不过，我是在研究史托罗楼及其同事提出的"主体间性理论"时萌生这一想法的。

10 ATTACHMENT
THEORY
Working Towards
Learned Security

第 10 章
主体间性理论

主体间性理论吸引我的地方在于，它旗帜鲜明地提出了以"关系"为主的立场。主体间性理论以来访者和治疗师之间的情感关系为治疗核心，以促使来访者的自体组织（self-organisation）发生结构性变化为治疗目标。由于发展过程中的缺陷，来访者的自体组织是不完整的，即未能发展出独一无二的自体意识，无法确定自己的情感状态是否合理。

主体间性理论还有一个吸引我的地方是，它提倡一种特殊的治疗关系，这种关系的特点就是治疗师与来访者的密切合作。不可否认，来访者和治疗师之间存在着一定的力量差异，而我们说的这种特殊治疗关系就是要力争将这种差异最小化。例如，如果以帮助来访者培养出"自传能力"为目标，那这必须是咨访双方共同的决定，再由双方共同构建一个合适的环境，来访者在这个过程中要发挥主导作用，而且与治疗师相比，他肩上的担子可能更重。主体间工作方式与此相似，治疗师首先要营建一个持续性的共情氛围，并在其中与来访者互动，询问他的情感状态。这种充满共情的互动又创

127

造出一种"共情性调谐"的感觉。要达到这种"调谐"状态，治疗师必须不断确认自己的感知和来访者是否同步，确认自己与来访者是否一直有共鸣，是否一直保持同频。也就是说，这种状态是咨访双方共同构建的。

从 20 世纪 80 年代和 90 年代以后的许多书籍和学术论文中，我们能看到史托罗楼及其同事们是如何一步步发展出主体间性理论的。正如我前面所说，该理论以治疗师与来访者之间的关系为焦点，史托罗楼等人从这种关系中认识到，咨访双方在治疗过程中相差悬殊，因为在分析师相对结构化的世界与来访者原始荒芜的个人世界之间存在着差异。史托罗楼等人还发现，当治疗师用她自己对各种体验（当然也包括她的无意识过程）的心理组织原则去"理解"来访者的谈话内容时，咨访之间产生的巨大差异经常导致治疗关系破裂。如果治疗师这样做，会很容易"误解"来访者，并在回应来访者的暗示时缺乏共情。简而言之，用科胡特的话来说，治疗师无视了"共情 - 内省"（empathic–introspective）的询问模式。

## 精神分析师"无所不知"

在传统的精神分析和精神分析心理治疗中，有一种坚定的信念，甚至可以说是一种主流意识形态，那就是精神分析师"无所不知"。她被认为是唯一"知道"并掌握着"客观真相"的人，只有她才能做出准确的解释，因为只有她才能站在客观的立场去理解来访者的世界。在主流看法中，治疗师的客观立场是凌驾于来访者的主观立场之上的，而来访者的信仰和态度往往容易扭曲，他们还容易被各种防御机制操控，如置换、投射、否认、阻抗、投射性认同等。简而言之，如果只考虑客观和主观，那可以说主观的概念先天就不占优势，因为人们通常认为，与客观意见相比，主观意见既不合情又不合理。

　　该观点隐晦地传达了一种居高临下、心怀叵测的话语权力。如果分析师是唯一一个拥有客观知识和真理的人，是唯一一个意识到那些"未经思考的已知"的人，就像博拉斯（Bollas）所说的那样，那么从逻辑上讲，她会在这段关系中拥有更多权威、力量和控制。如果我们要顺应这样的主流理念，那我想问，作为治疗师，我们要怎么面对"所有从业人员在任何时候都应努力将咨访之间的力量差异最小化"这个心理咨询领域的首要信念呢？在我看来，接受一个由治疗师掌握权柄的体系本身就有问题。相比之下，为了补救这一点，主体间性理论始终坚持营造合作共建的治疗氛围。

　　如果要仔细考究精神分析学家和精神分析取向的治疗师们奉行的主流意识形态，我认为，在我接受精神分析训练的时候，它就一直在巧妙地、潜移默化地向我灌输一个观点：只有治疗师才拥有客观真相。换句话说，主流意识形态告诉我们："在治疗关系中，只有那个接受过严格训练的人，才是唯一有资格对个体的行为和思想做出客观解释和分析的人。"我非常坚定地认为，每个人都有权表达自己的观点、对事件进行解释或者为自己表达的内容赋予意义。治疗师不应将自己的解释强加于来访者，不应利用这段关系中的力量悬殊将自己的想法填鸭似地硬塞给来访者。治疗师始终如一的任务是利用"共情性调谐"的氛围，采用"共情 - 内省"的问询模式，与来访者共同构建一个主观现实。

　　因此，我支持一种关系取向的整合性疗法，其中就包括来自史托罗楼及其同事们提出的主体间性理论的元素。完成精神分析训练后的几年里，我并没有采用一种会将治疗关系中的力量差异一直保持下去的治疗体系，而是尝试以一种更现代的理念来工作，与来访者共同构建一个由他的生活体验和感受组成的主观现实。这个过程中最重要的是，治疗师要永远保持一种态度，科胡特称之为"替代性内省"（详见第 9 章），而我更喜欢称之为"共情性调谐"。科胡特和主体间性理论的创始人也呼吁我们，作为治疗师，要保持"经验贴近"。这意味着我们需要持续不断地努力，尽一切可能去贴近来访者的生活体验以及伴随着这些体验的情感。照此说法，如果治疗师希望在来访者讲述时一直与其保持"调谐"状态，即能够完全理解对方并给予恰当的回应，就要尽最大可能停留在来访者的参照系中，这样才有可能对来访者的体验构建一个共同的叙事。这意味着咨访双方要共同构建一个故事，该故事包含来访者生活中发生的一切，充满了创伤或一些他恨不得抹去的往事。治疗师和来访者的目的是创造一个连贯完整的叙事。此外，适当地以事件承载的情感意义来对其进行"标记"也很重要。当然，精神分析的最大使命就是为来访者的情感体验找到意义。在我的整合性疗法中，共同创造的叙事是其关键部分，因为共同叙事的形成过程就是一个疗愈过程，其中还包括能让来访者获得"习得安全感"的步骤。

这样做是为了让来访者重建他在发展过程中不幸错失的东西，这种错失可能是因某种创伤经历造成的。创伤导致来访者的发展过程出现了断裂，致使他在成年后没有得到一份全面覆盖的"保险单"——那是在拥有"安全基地"的环境中长大的人才有的。拥有"安全基地"意味着有一个抽身退步之所，这不禁让我想起多年前的一句广告标语，可能有一些人还记得 20 世纪 70 年代的一个电视节目，那是为一个保险公司设计的广告，讲述了一个家庭发生的危机以及保险带来的扭转乾坤的作用。该广告的最后一句口号是："这份保险，是你强大的后盾！""安全基地"就是个体强大的后盾。如果个体有一个可以折返的"安全基地"，就可以把人生当作一系列从那个安全港口出发的短途旅行，永远笃定安心地知道，自己可以随时回到那片平静的水域。想想看，如果渔夫知道永远都有一方安全的港湾在等着自己，内心该是多么平静安宁啊！这是一份无价的"保险单"，让人有底气应对生活中几乎所有的磨难。难怪那 66% 拥有"安全基地"的人很少出现在我们的咨询室里。

在与来访者共同努力创造完整叙事的过程中，治疗师的目标是始终保持"经验贴近"，这也是合作体验的一部分。当然，有时候，治疗师（毕竟他也只是个普通人）会不可避免地回到"经验远离"的说话方式。这种说话方式缺乏"共情性调谐"，通常由治疗师的反移情引发，有时则是由来访者的行为或情感引发，但更多情况下是由治疗师自己的心理结构引发的。治疗师可能在倾听的过程中走神，想起自己的童年或青少年时代，甚至可能想起最近的某个经历，其中某个与来访者类似的事件让治疗师产生了某种感受或行为，所以，本该产生的"共情性调谐"被一种认同感所取代。还有一种可能是，治疗师在那一时刻深深地陷入了某种"投射性认同"中。出现这种情况时，咨访之间很可能会出现裂痕。治疗师此时的当务之急就是要与来访者一起修复裂痕。正如我前面说过的，治疗关系发生破裂不可怕，重要的是治疗师要和来访者携手共同完成修复工作。

举个我自己的例子。我发现，在我讲述小女儿（现在已成年）的一些行为时，我的治疗师很多次都会感到愤怒。在"投射性认同"的控制下，他会陷入本该属于我的愤怒中。至于我自己，因为要保持那个值得信任、始终如一照顾女儿的母亲形象，所以不敢承认这种愤怒，因为对一个母亲来说，承认自己对女儿有敌意实在是太痛苦、太可怕了。但接下来当治疗师给出解释的时候，他的出发点是蕴含着愤怒的，也就是说，这种解释来自他自己的参照系，尽管这是由反移情引起的。为什么我认为这是反移情引起的呢？首先，通过"投射性认同"，治疗师吸收了我投射给他的我自己处理不了的愤怒；其次，他认同自己以父亲身份感受到的移情反应，对我所说的"为人父母的日常责任"感到愤怒和压抑。因为我们在一起已经工作了多年，所以，当治疗中产生裂痕的时候，我们能够开诚布公地进行讨论，理解其意义并加以修复。如果是与不太熟悉的来访者之间发生这种情况，来访者可能会因此脱落，因为他们会认为治疗师不理解自己，会感到受伤，并选择从她身边逃开。

当治疗师说出的话或做出的解释属于"经验远离"时，就说明它是来自治疗师的参照系，而非来访者的，这将不可避免地导致治疗关系暂时破裂。但如果我们采用主体间性理论提出的方法，就有可能把这种破裂降到最低的程度。在发生了这样的"险情"后，治疗师会加倍努力去实现"共情性调谐"，当"共情性调谐"重新开始时，破裂也就有望得到修复。打个比喻，这就好像房间里的温度一直在变化，忽上忽下，当治疗师与来访者的世界调谐同步时，温度会"上升"；当治疗师暂时进入自己的参照系时，温度就会"下降"。作为治疗师，要通过治疗实践来提高与来访者"共情性调谐"和停留在来访者参照系内的能力。治疗师还要注意提高自己的沟通能力，这样才能不断与来访者确认是否与其保持调谐同步，才能准确清楚地表达对来访者的理解。

这种方式可以帮助咨访双方一起创造一个新的主体间现实。史托楼等人指出，这是一个"新的"现实，因为它是在治疗师与来访者的谈话过程中新鲜出炉的。但同时它又是"旧的"，因为治疗师与来访者在某种程度上对这个概念已经很熟悉，尽管直到现在它才被清楚准确地表达出来。

透过治疗师在"持续性共情式询问"（sustained empathic enquiry）中表达的态度，来访者逐渐相信，治疗师对他内心最深处的情感状态有深刻的理解，能把握住他每一个细微的情感变化，并深深地关心他、在意他。当来访者在内心深处默默地将这一认知消化和吸收后，他就会发展出自我反思的能力。同时他还会体验到，作为个体，用温尼科特的话说，被"抱持"是什么感觉。在我看来，这种抱持性环境是获得"习得安全感"的另一个重要且必要的条件。

让我们再次回到鲍尔比的理论，回想一下有良好依恋体验的婴儿最初的生活条件。他最初是被母亲抱持，她把他带在身边，以便在他饿了的时候喂他，在他冷了、累了、烦躁了、孤独了、肚子疼或胀气的时候照顾他、安抚他。人类的舒适、享受部分在于环境提供的安全和保障，部分在于照顾者提供衣食的能力。身边有人照顾意味着幼儿不需要操心安全或食物的问题，这些需求可以由照顾者来满足，这是婴儿或儿童亲近照顾者的主要原因。哈洛和齐默尔曼的铁丝"代母猴"和布料"代母猴"实验告诉我们，在幼猴心目中，食物并不是第一需求，对舒适和安全的需求才是。因为幼猴总是离可以提供食物的铁丝"代母猴"远远的，反而一直黏在布料"代母猴"身上，这说明它们更喜欢的是拥抱，而非食物。

## 主体间性理论与自体心理学

在发展主体间性理论的时候，史托罗楼及其同事们吸纳了很多科胡特的想法和概念。我将在本节对这两种理论的重叠部分进行探讨，可能有些内容看上去和前一章有所重复，但这样做是为了举例说明主体间性理论是如何从科胡特的理论演变而来的。在《自体的分析》（*The Analysis of the Self*）和《自体的重建》（*The Restoration of the Self*）两本书中，科胡特提出了自体心理学理论。精神分析学派要感谢科胡特在发展自体心理学时做出的范式改变。具体而言，这种范式改变让我们从以驱力、本能等生物结构为主要基础的弗洛伊德理论的机械性、决定性思维转向认为精神分析是关于人类主观性的深层心理学的观点。科胡特将我们的思维和关注重点转向了对人类情感的研究，也转向了对自体体验的研究。科胡特的这种强调是自体心理学吸引史托罗楼等人的部分原因。

这个时候，就很有必要问一个问题："那么，自体心理学对史托罗楼等人采纳的精神分析有什么主要贡献？"对于这个问题，史托罗楼及其同事们从三个方面做出了回答。

首先，科胡特认为，所有精神分析师和精神分析治疗师都应该在咨询室内始终坚持"共情 - 内省"的问询模式，任何以这种问询模式之外的方式得来的材料都被视为违背了精神分析信条。主体间性理论采纳了这一观点。

"任何以这种问询模式之外的方式"指的是，在谈话过程中，在理解来访者表达的内容及来访者在过往和当前状态下的体验时，分析师试图从自己的参照体系出发，而没有使用外部视角。所以，治疗师必须始终努力向"经验贴近"靠拢，对产生"经验远离"的倾向保持警觉并尽量避免。当治疗师想起自己的丰富经历或者出现移情时，就很容易发生"经验远离"。

其次，始终聚焦来访者的自体体验（self-experience），这是来自自体心理学的第二个概念。这里的"自体体验"既包括来访者的过往经验，也包括他当下的心理状态——无论是意识层面还是无意识层面。从这个概念中我们能清楚地看到，科胡特是如何从把驱力视为第一动力的弗洛伊德理论发展为把情感和情感体验视为关键动力的理论的。科胡特认为，情感、情感体验及它们出现的问题是来访者发展过程中最重要的因素，我认为这一认识是自体心理学最重要的理论贡献，没有之一。通过对来访者的自体体验进行仔细、深入的询问，治疗师可以帮助他们解决早年经历的发展缺陷。当来访者在治疗过程中体验到充满感情的"自体客体移情"（selfobject transference）时，他们的认知也有可能得到修复和改变。

最后，要密切关注"自体客体"和"自体客体移情"，这是史托罗楼等人从自体心理学吸纳的第三个原则。"自体客体"指的是被自体主观地体验为能为其提供某种功能的客体。例如，提供关爱或者提供帮助——帮助个体发展目前为止尚未成形的自体意识。说到这里，我们就明白了为什么说自体意识实际上是由治疗师逐步打造出来的，因为治疗师为来访者包揽了重建、维护和巩固的工作。治疗师必须认识到，是否能从她这里得到回应对来访者来说非常重要，因为她的回应具有两个特质：第一，它是被来访者主观体验到的；第二，它对来访者有修复、整合和容纳的作用，有助于增加来访者的自体体验和自体组织。

如果治疗师有了这样的理解，在面对来访者的材料时，她就不太可能再以一种冷静、淡漠的方式去倾听和回应。在写下这些文字之前，我刚刚和一个来访者（尼克，在个案分析部分会呈现）待了一个小时。他正在"编织"成熟的自体，使用的"原料"有从我这里得到的人生经验，还有我在移情状态下对他的体验和镜映。这是一份多么让人激动、振奋的工作啊，就像是在给予一个人新的生命。能够慷慨无私地给予和付出也让我感到自己充满活力。

## 自体是什么意思

在自体心理学中，"自体"一词有很多模棱两可的地方，也许正是因为用了这个词，才导致自体心理学被很多人认为晦涩难懂。不可否认的是，科胡特著作本身的艰深晦涩也是原因之一。如果是这个原因导致他的概念不为人接受，那就太可惜了，因为他绝对是思想界的巨人之一，就其观点的独树一帜、理论的震撼超前而言，无人能出其右。和弗洛伊德一样，他是一位伟大的思想家，他开辟了新的理论方向。在他所处的时代，他为改变精神分析的主流世界观做出了重大努力。

现在让我来试着解释一下这个有点含糊的"自体"吧。它指的不是一个人、一个代理或可以发起某一行动或一系列行动的个体。它指的是一种心理结构。所以我们不妨想想"一个人的自体体验可能变得支离破碎"这句话。这是什么意思呢？当个体感觉自己有凝聚力的心理结构（cohesive psychological structure）开始分崩离析、变成碎片时，他就会开始在恐慌中挣扎。这句话描述的就是这样一种状态。他认为他的自体（指心理结构，而不是指代他自己的那个身体"自我")受到了威胁。

# 自体客体移情

如前所述，懂得与来访者共情同步的治疗师会一直把移情视为重中之重，明白它可能是那些"促变性解释"(mutative interpretation)的主要来源。史托罗楼及其同事们认为，这是移情作用对来访者的"自体客体"产生影响的结果。为了给它一个完全符合自体心理学的名称，我将这种移情称为"自体客体移情"。这意味着来访者会将治疗师视为他的"自体客体"，给她分配各种任务——充当他的照顾者及自体体验的修补者、维护者和巩固者。随着治疗关系的发展，他会向治疗师赋予重任，让她为他弥补和治愈过去（尤其是在童年时期，甚至有可能是在成年早期）因看护者的疏忽而导致的发展缺陷。这样做的时候，来访者会直觉地意识到，也许他终于能够解决那些让他决定前来求助的根本问题了——它们让他长期深受折磨，还引发了一系列给他带来明显困扰的问题。

"自体客体移情"是一种工具，它让来访者过往所有的心理异常逐渐在咨询室中的此时此地、在咨访之间充满张力的关系中一一重现。来访者担心这个"自体客体"（指治疗师）对待他的方式会不会和他过去的重要他人一样？换句话说，如果来访者有过惨痛的童年经历及其他一系列创伤经历，他就会担心类似的创伤性事件会不会在咨访关系中重演。他满心惶恐地屏息等待，以为治疗师会以与过往照顾者类似的态度对待他，并表现出与过往照顾者类似的情感。接下来会发生什么？有两种可能。第一种可能发生的情况是，在反移情的作用下，治疗师可能会被迫按照来访者对她的期望做出反应，这样就犯了一个"错误"，随之而来的就是需要修复的"破裂"。在《向病人学习》一书中，凯斯门特也谈到了这样的"错误"。在这本书中，他提出了一个很宝贵也很著名的建议。他认为，所有治疗师都会反复犯这样的"错误"，不必过于自责，关键是要认识到自己的错误并与来访者开诚布公地进行讨论，然后一起从中吸取教训。第二种可能发生的情况是，当来访者预期那盘陈旧的、"用坏了"的磁带会被重放时，治疗师的反应却与他的预期截然不同。无论发生的是哪一种情况，治疗师都要和来访者一起对来访者的情感状态做一个全面的分析，包括他对某事可能再次发生的恐惧、再次体验过往创伤的痛苦，然后治疗师要对此做出解释，并让来访者看到过去与当下的联系。这种方式可以帮助来访者理解问题的实质，清除其中可能会给他带来伤害的"毒素"，疗愈的过程也就从此开始了。听起来很简单，但只有那些能够与来访者达到"共情性调谐"的治疗师才有可能做到，而且治疗师必须在治疗过程中采用"经验贴近"的方式。如果治疗关系已经发生了破裂，这种方式不仅可以恢复甚至还能进一步巩固自体与客体之间的连接，使其更具有包容性并维系得更长久。

在这个过程中，治疗师必须毫不动摇地坚持"共情 - 内省"模式，以最大限度地发挥治疗潜能。在我看来，"共情 - 内省"模式的概念是科胡特在精神分析领域的另一大贡献。它强调了治疗师和来访者之间合作的必要性。

## 主体间性理论对移情的定义

据说，弗洛伊德一开始将移情视为精神分析治疗的障碍。但后来他逐渐认识到，这也是一种很好的治疗方法。想象一下，在咨询室相对隐蔽的一角，来访者躺在椅子上，就像夏日午后懒洋洋地躺在沙滩上，任往事如潮向自己和分析师涌来，而分析师可以坐在那里，对这些往事进行观察、收集和分析。

移情概念的"产生"与弗洛伊德作品中隐含的考古学模型是一致的。

就连在《精神分析对科学兴趣的要求》（*The claims of psycho-analysis to scientific interest*）一文中，弗洛伊德仍认为精神分析是一种分析师"深入挖掘"（继续用考古学比喻）潜意识以发现其中奥秘的技术。

精神分析理论总是习惯性地将移情描述为退行、扭曲、置换或投射。史托罗楼及其同事们则将移情概念假设为一种组织性活动，它可以帮助来访者获得一种新的自体意识，以符合他日渐成熟的自我感觉。在我看来，如果治疗师认为应该利用共情与来访者的主观世界合作，那史托罗楼等人的理念将与她一拍即合。来访者会将治疗关系同化到个人世界的主体结构中，在此过程中，他还会用到自己的心理结构，以及那些一直困扰着他的对周围环境的体验。一开始，来访者预期治疗师对刺激的反应会与幼年的照顾者一样，正是这些照顾者的所作所为，让他经历了创伤性事件和／或创伤性情感，导致他的一些发展过程产生断裂，还有一些则突然终止。但随着"自体客体移情"的发展，来访者逐渐了解到，原来还有另外一种相处的方式，即治疗师作为"自体客体"，以一种健康、共情的方式对他做出回应。这能使来访者在心理上得到发展和成长。

但不得不说，治疗师也有自己的心理结构，这意味着在解释当前的事件和刺激时，她可能是以过去发生在她自己生活中的事件为依据的，这也是我们在治疗中必须考虑到的一点。精神分析的传统教条是遵守节制、中立和保密的原则，以免"污染"移情。但我认为，任何治疗师都不可能长期保持中立，因为不论在什么场合，她肯定都拥有自己的偏好、倾向以及价值体系，无论是在餐厅还是在咨询室。是的，我们可以尽量隐藏自己的价值体系，但不可能完全置它们于不顾。当然，如果是为了自己的利益，我们永远都不应该自我暴露，但可以分享一些能真正帮到来访者，让他从中得到一些有用信息的经验和教训。同样，如果我们为了遵守节制的规则，总是拒绝回答来访者的问题，就会释放出我们不够慷慨的信息，这无助于创造温尼科特所说的抱持性环境。

主体间性理论正确地将关注焦点放在了对"内省 - 共情"模式的利用上，因为它可以帮助治疗师与来访者共享主观体验。为此，治疗师必须付出一些属于自己的东西，不只是她作为治疗师拥有的技能，还应该有些别的。在我心目中，最重要的是她要有足够慷慨的精神去奉献自己，让来访者分享她的人格，分享她的自体意识。只有她能慷慨地分享自己的自体意识，才会让来访者真切地感受到，她在精神上足够富有，而且愿意与他人分享自己的这份丰盈。这是真正慷慨无私的精神，当来访者意识到这一点，足以使其发生改变的力量就会出现。它让来访者相信，他应该有勇气去发展自己那未能成形的自体意识了——未能成形的原因是在关键的成型期他的发展受到了阻碍。当一个人的自体意识在过去的某一时刻被粗暴破坏后，个体需要具有勇气才可能重新成长，而且部分由于治疗师的这种慷慨精神，来访者才有信心放手一搏。正是因为看到治疗师在分享时的自信，来访者才安心地允许自己成长，成为真正的自己。这与他原来的照顾者传递给他的信息正好相反，原来的照顾者很可能完全不希望他长大，因为这意味着他们的分离。

治疗师必须具备的另一种品质是有能力充当自己的"安全基地"。她必须直观地向每一位来访者传达这样的信息：无论在何种情况下，无论遭受何种创伤，她都能生存下来，并能够承受痛苦、攻击、诱惑等。最重要的是，她要让自己一直保持淡定从容，让来访者感受到她的踏实可靠，有能力并愿意在一段较长的时间内为他承担责任。我已经在第 4 章谈到了这种"大师风范"，在第 12 章中还会再次提及。

因此，和治疗师在一起的时候，来访者对自体组织的意识大大增加，这种意识在他关键的成型期因创伤和发展阶段的不均衡而受到了破坏。他可以在"自体客体移情"中和治疗师一起重历这段发展期，并得到二次

"成长"，这一次的成长指向完全成熟（在情感方面）。"自体客体移情"一旦形成，就会在整个治疗过程中持续发挥作用，我们不妨用"图形 - 背景"理论来加以形容——有时它处于"图形"的位置，有时又处于"背景"的位置。在整个心理治疗过程中，它在这两个位置间来回移动。

我的看法是，如果"精神分析式治愈"被认为是可以实现的，那移情一定在其中做出了巨大的贡献。不可否认，在我看来，正是移情中那些足以引发改变的力量让来访者产生了最强大的心理变化。本书第四部分的个案分析将呈现这种变化是如何发生的，"治愈"又在多大程度上是可实现的。在上一本书中，我详细描述了 6 个案例，在这些来访者的改变中，移情的影响是最大的。

在来访者的治疗过程中，移情是一种如此强大的力量，那么，在来访者结束心理治疗之前，它真的能够被完全消除吗？我对这种可能性表示怀疑。我个人认为这是不可能的。作为一个从事精神分析心理治疗多年的人，我想我有立场说这样的话。在我看来，我对治疗师的移情有着巨大的价值——有时是巨大的痛苦，有时是巨大的满足。最重要的是，它让我从中有了巨大的收获。当然，在长达 20 多年的治疗过程中，它也发生了很大的变化。现在我眼中的治疗师，已经与当初的他完全不一样了。他已经完全适应我，与我达到了心灵相通的地步。这要求他必须有极大的耐心、宽容、勇气、慈悲以及灵活的头脑，最重要的是，要有"共情性调谐"。多年来，他一直以最深邃包容的方式"抱持"着我。所以，我认为不可能人为地"稀释"这种移情，然后再"溶解"它。诚然，这种移情不会一成不变，但也不会乍然消失、了无痕迹。我想它会慢慢从我生命中最重要的位置上淡去，当治疗结束时，它会逐渐褪色成一个模糊而美好的记忆。但我并不想解散和摧毁这个对我来说意义重大的东西。在我看来，这样做毫无帮助。

# 精神分析如何实现"治愈"

这是一个颇有争议的问题，在这个问题上，我的"习得安全感"理论、科胡特的理论和史托罗楼及其同事的理论都与弗洛伊德的理论存在分歧。

我们不妨来思考一下，在精神分析中，弗洛伊德判断"治愈"的标准是什么。在以下三种治疗效果出现时，似乎"治愈"就可期了。

- 利用认知方法实现了领悟。
- 治疗师和来访者之间发展出深厚的情感。
- 来访者逐渐能够将自己过往的创伤经历整合起来。

弗洛伊德在他的著作中指出，病人身上的那些关键性变化是通过正性移情（positive transference）实现的。在这一点上，我完全同意弗洛伊德的看法。

从精神分析学界的历史文献和会议记录中我们可以看到，有两种观点一直存在着激烈的争议。一种观点认为，治愈是通过促成领悟来实现的，而另一种观点则认为，是来访者与治疗师之间的情感引发了关键性的变化。史托罗楼及其同事们则是这样说的："我们认为，如果要在精神分析治疗中促发重大的心理转变，认知和情感的成分必不可少。"

史托罗楼等人指出，治疗师最好不要照本宣科式地提供干巴巴的解释，她要在咨访关系中投入感情，情感卷入是治疗中不可或缺的重要部分。我认为他们说得非常有道理。作为一个体验过长程个人分析的人，我想告诉大家，我的治疗师提供的那些"促变性解释"，在很大程度上是他与我情感交流的结果。他曾深受反移情影响，并从中产生了最杰出的解释，最终让我实现了领悟，这在很大程度上是因为我充分意识到，此时此地的他真正投入了自己的情感。还有一点很重要，我很感谢治疗师对我有那么深刻的理解，对我一直努力维持的"幻想"给予了尊重和理解，而非评判。

在"自体客体移情"中，每当来访者重温过往受到的伤害时，治疗师就会给出解释，让来访者"知道"，他得到了治疗师非常深刻的理解，这样的认知会开启治愈的过程，进而促发来访者在心理上的重生，让新的心理结构茁壮成长。因此，我们可以据此认为，要促成领悟并让它发挥重要影响，离不开心理治疗中咨访双方的情感卷入。领悟和情感体验都来自治疗师与来访者共同营造的"主体间氛围"。

## 结束语

在这一章中，我试图向大家解释清楚主体间性理论概念构建的基础。很明显，它的许多原则都来自科胡特的自体心理学。主体间性理论强调，治疗师和来访者之间的合作是重中之重。同时明确指出，治疗师应具备持续共情的态度。最后，该理论本质上属于关系取向精神分析学派。

在下一章中我们将看到，这些指导原则是如何帮助我形成"习得安全感"这一整合理论的。

# 第 11 章
# "习得安全感"

本章介绍的是由我提出并命名为"习得安全感"的整合理论。整合方法不同于折中方法，因为后者是从许多理论中挑选出各自的特色并分别加以利用，并未将不同理论串联起来构成一个整体的首要概念。对一个折中派治疗师，我能想到的最恰当的形容就是，她随身带着一个工具箱，在治疗过程中，根据当时的具体情况从工具箱里拿出她认为最适合某来访者的工具。在折中理论中，我们看不到一整套合乎逻辑、自成体系的基本元理论假设，也看不到将不同理论结合在一起的共享概念。相比之下，任何理论立场都代表了一种特定的意识形态（如果不是政治性的），即使没有明确说出来。

如果治疗师采用的是整合性疗法，就意味着她对来访者使用的方法结合了两个或多个理论。这听起来似乎与折中派治疗师使用的方法没什么不同，但差异也从这里开始出现了。持整合立场的治疗师试图利用辩证思维过程来调和各种理论的表面差异。很多时候，治疗师会采用一种符合自己工作风格和个人偏好的已成型的整合理论，如莱尔（Ryle）创建的认知分析疗法（Cognitive Analytic Therapy，CAT）就被很多治疗师采用，他们对这种将认知疗法和短程精神分析疗法结合在一起的整合疗法很有信心，认为它能最有效地发挥作用。在这种情况下，治疗师自己用不着去进行辩证。

关于我自己的临床工作和本书的内容，我想在这里向大家介绍一种新的整合理论，即"习得安全感"理论，事实上，我对它已经埋头研究了若干年。为了构思这个新的理论，我完成了一个辩证思维的过程。辩证这个过程（与黑格尔有关）的目的是求得"真理"，具体的做法是：首先，寻找构成某种理论基础的"正题"和"反题"；其次，寻找一种能将"正题"和"反题"结合成"合题"的方法。换句话说，在整合两个或两个以上的理论时，理论家要对这些理论的相同点和不同点进行分析，然后找出一种合理的、有坚实理论基础的方法来调和这些不同点。通过这种方式，"合题"（即对多种理论的综合）就产生了。

如前所述，我感兴趣的三个理论分别是鲍尔比的依恋理论、科胡特的自体心理学以及史托罗楼等人的主体间性理论。一个人必须将自己的思维提升到更高的抽象层次，才能做到辩证地思考，也才能确定怎样从几种明显不同的理论中找到最好的"合题"。要达到这个目的，我认为他需要深入思考每一个理论，并在脑海里从概念上对它们进行解构。在这个过程中，他首先需要在概念层面上依次对每一种理论反复思考，分析它们是否有相同的概念或哲学基础。如果存在一些共同的概念，更确切地说，存在一些共同的元理论假设，那就存在将它们予以整合的可能。我发现自己选择的三种理论确实存在一些共同的概念，而且它们在对现实的看法和世界运行方式两个方面还具有共同的世界观（即人生哲学）。于是我利用这三个理论共有的概念和世界观，着手构建了一个概念上的"新"理论。在对各种因素进行认真分析后，我利用三种理论共同的概念基础将它们结合起来，形成了一个整合性理论。利用这种方法，我相信自己成功地创造了一个"合题"。

说到这三个理论的有趣之处，我意识到，是它们背后的元理论假设在哲学层面深深地吸引了我。第一，它们具有一个共同的世界观（对现实的看法）。它们都是关系取向的，或者说是关于"二人"的心理学理论。我的意思是，它们都强调治疗师的临床工作要以利用咨访关系为主。简而言之，咨访之间的真实感情和移情都是治疗师关注的焦点，治疗师要想办法促进这两种关系的发展，并把它们作为帮助来访者实现某些心理改变和结构改变的主要方法。同样，在治疗过程中，我认为很有必要关注来访者与外界的关系，因为从中可以看出来访者对生活的理解与看法。如你所见，这些理论的基础是"二人心理学"，它们与弗洛伊德的"一人心理学"框架形成了鲜明的对比，弗洛伊德显然并不赞成在来访者和治疗师之间建立感情。

第二，关于世界运行的方式这三种理论也有共同的世界观。我在前文（引言部分）中说过，诺斯罗普·弗莱提出了一种区分不同世界观的方法，用来对莎士比亚文学进行分析。梅塞尔和威诺克对弗莱的分类做了一定的改编，用于研究心理疗法中不同理论取向背后的不同世界观。拉丁（Latting）和曾德尔（Zundel）用相似的方法研究了治疗师的不同世界观，我自己对这些世界观也做了一些研究，我想知道，当选择的理论取向与自己的世界观没有相同的元理论基础时，治疗师身上会发生什么。弗莱认为，人们对现实世界的看法主要有四种：悲剧性、喜剧性、浪漫性和讽刺性。在此，我想重点谈谈悲剧性和讽刺性这两种。我整合的三种理论都建立在一种具有讽刺意味但又带有悲剧色彩的世界观基础之上。对此也许需要做一点解释。作为精神分析理论，它们在某种程度上对生活持悲剧性态度。这是因为它们专注于过去和现在之间的联系，而任何一个人都不可能改变过去的生活经历。所以，不是所有丧失都可以挽回，不是所有错误都能被纠正。不过，它们都提出了一种与来访者工作的方法，帮助他学会以不同的心态看待过去的创伤。他可以对它们进行新的诠释，并因此改变对他人的反应模式。简而言之，通过治疗，他可以摆脱过往经历造成的功能失调。这三种理论都认为，这样的结果是可能的，虽然应该重视过往经历对来访者的影响并承认这些经历是可怕的，但我们可以阻止过去继续对来访者的现在和未来产生负面影响。希望永远都在。并非一切都是厄运。改变是可以控制的。这样的想法包含了讽刺性世界观的基本原则。

我支持以下观点，即改变可以通过治疗师和来访者之间真实关系和移情关系的进展以及"习得安全感"的增加来实现。在下一章中大家会看到，"习得安全感"部分上是借助罗杰斯的核心条件实现的。罗杰斯创建的"以人为中心疗法"坚持认为，个体是有可能完成"自我实现"的，换言之，即达到他的最佳功能水平。简而言之，这样的理念可以被归为浪漫性世界观。虽然我也建议使用核心条件，但我不会说"一切皆有可能，一切皆可实现"。不过，我之所以为采用核心条件辩护，是因为这些条件在某种程度上能够使个体怀有希望，相信自己会拥有更有成就感、更令人满意的未来。治疗师之所以能够帮助来访者实现一定程度的改变，部分就是因为运用了这些核心条件，虽然我们并不奢望这些变化会带来一个完美的世界（或完全的"治愈"）。"习得安全感"理论有促使来访者发生改变的能力，也相信他们能够发生改变，从这个角度说，它的理论基础可以被归为讽刺性的世界观，而不是悲剧性。所以，这三种理论（依恋理论、自体心理学和主体间性理论）都被我归为讽刺性世界观，这是帮助我从中整合出"合题"的第二个因素。

第三，三种理论有一个共同的概念。三种理论都很重视移情和反移情的作用。在本章后面部分，我将对此做更多阐述，届时我还会谈到我是如何在长程治疗中使用移情的。在移情作用下，我可以和来访者一起合作，共同为他打造一个"习得的安全状态"。关于移情，我形成了一些属于自己的想法，是科胡特的作品给了我特别的灵感。

第四，这三种理论有一个重要的共识，即共情在治疗关系中具有不可估量的价值。这也有助于我从中创造出一个"合题"。诚然，在众多心理治疗理论中，共情是一个常见的重要概念。不过，我用了一种特殊的方式来定义共情的概念，我称之为"主体间共情"（intersubjective empathy）。在选择这个标签时，史托罗楼及其同事们创建的理论给了我指导和启发，因为主体间性理论的主要元理论假设就是：治疗师始终是在以一种主体间方式与来访者互动。

第五，我坚定地认为，这三种理论都支持并提倡在治疗中与来访者合作。合作（collaboration）和共建（co-construction）是主体间性理论的两大口号。霍姆斯在他的一些著作中也呼吁采用合作的方法，科胡特也是如此。一种以合作概念为基础的观点得以形成：当治疗师为了完全理解来访者的内心世界而采用"共情式沉浸"时，她才能获得全面、准确、共情的理解。治疗师要自觉地坚持以合作的方式与来访者一起去理解他的内在特质。

## 主体间共情

第一次阅读海因茨·科胡特的作品时，他提出的关于"经验贴近"和"经验远离"的区别深深地吸引了我。科胡特认为，作为治疗师，我们要尽量对来访者的参照体系保持"经验贴近"。不过，他还认为，当我们需要表达对来访者的"自体体验"的理解时，就会从"经验贴近"转为"经验远离"（也就是从一线共情转向二线共情）。

为了实现他的"经验贴近式共情"概念，科胡特主张治疗师参与一个他称之为"替代性内省"的过程。在我看来，这意味着我们要以旁观者的视角，深入研究另一个人正在经历或业已经历的体验，尽可能全方位地仔细观察和研究，就像自己正生活在其中一样。不过，我把这种内省又往前推进了一步，我的主张是，当我们在理解另一个人正在发生或已经发生的经历时，要不断确认自己的理解是否正确，以这样的方式进行内省。我们以这种方式参与了一个涉及主体间元素的过程。

为什么我认为"主体间共情"对来访者如此重要呢？在此我需要做一些解释。通常情况下，当我们试图对来访者做"经验贴近"时，经常会用到我们自己的人生经验（尽管这些经验来自不同的生活情境）去弥补与来访者在认识上的差距，以便我们能够理解其内在特质。这是我们试图站在他人立场上去理解对方的常见方式。然而，当我们这样做的时候，有可能会把自己推到一个进退两难的尴尬境地。我们有可能被自己的反移情所误——在这里我指的并不是由于"投射性认同"产生的反移情，也不是由来访者直接投射到我们身上的，而是我们自己发起的、源于个人内心的反移情。它可能是我们对来访者产生的个人的、同步的移情反应，也可能是我们在反移情状态下的反应。当这种情况发生时，我们可能会对来访者做出毫无同理心的反应，因为他的经历与我们过往的经历完全不同。过去的经验很可能影响我们现在的想法，如果放任这种情况继续下去，当我们被自己对某一事件的情感体验完全控制时，原本在咨访关系中平稳运行的"共情性调谐"就会发生破裂。

我主张我们采取一种主体间的方式实现对来访者的"共情性理解"（empathic understanding）部分上也是由于这个原因。让来访者深度参与到共同构建的过程中，这样我们就更有可能真正进入"共情性调谐"状态，从而避免治疗关系的破裂。当我们因失误造成治疗关系破裂时，也可以用同样的共建过程进行修复。和来访者讨论我们在哪些地方"做错了"，承认我们的"错误"，以这样的方式让来访者参与进来，共同修复这个因误解而造成的裂痕。

此外，正如我在前几章反复提到的，治疗师和来访者之间存在着明显的力量差异。作为治疗师，我们要向来访者分享作为"专家"（不可否认，在某种程度上我们的确是）的观点，这样才能在来访者的积极参与下找到"来访者的真相"。我所提倡的"共建"和"主体间共情"都有助于部分消解咨访关系中内在的力量差异。我们要尽力让来访者参与进来，一起寻找他的那些"未经思考的已知"。

为了说明在治疗过程中我是如何采用主体间方法的，下面举一个临床案例。从这个反面教材中大家可以看到，在没有确认是否对来访者有"共情性理解"的情况下，我就冒险做出解释，最终导致治疗关系破裂。这件事发生在不久前，这位来访者和我一起工作的时间不长，她非常苦恼也非常明确地问我，为什么有些人会觉得她不可接受，总是拒她于千里之外。在治疗开始后的几个月内，她向我说了很多生活中发生的事情（都关乎被别人拒绝）。我的理解是，她讲的故事似乎有一个共同的主题：她很担心自己被排除在群体之外，更重要的是，我觉得她在怀疑（但觉得难以表达）自己是否有一些内在的东西是别人无法接受的。关注焦点来了：很明显，我的来访者是混血儿。事实上，在治疗刚开始的时候她就说过，她的母亲是爱尔兰人，父亲是埃及人。

现在我们来谈谈我自己的生活经历。她的混血儿身份在我这里能引起共鸣。我姐姐嫁给了一个尼日利亚人，他们已经结婚 50 多年了，所以，我的 3 个侄女和侄子都是混血儿。这样的身份让我的侄女非常痛苦，她的自尊心严重受损，觉得自己既不是英国人，也不是非洲人。更让她难过的是，她的外祖父和外祖母非常排斥她，多年来一直辱骂她。这种情况最终导致大家庭长期不和，连我都不由得替她感到不堪重荷。

当来访者向我讲述她的经历时，我却不由自主地沉浸在侄女的创伤经历中,也就是说,我的移情反应是源自我的内心,而不是由任何投射引起的。所以,我非常不明智地对她解释说,或许她认为,她的肤色与母亲的肤色不同,所以在某种程度上使她格格不入。她若有所思地回答道:"也许吧。"然后她就沉默了。后来她要求去洗手间。简而言之,我现在认为,她当时是需要一些时间,好让自己从我那个考虑不周、不合时宜的解释中恢复过来,因为那次治疗很快就结束了。

在接下来的几天里,我反复思考当时我给出的解释,直到在下一次治疗时再见到她。我意识到,由于混淆了我的材料和来访者的材料,我在"共情性调谐"上失误了。在新的治疗会谈开始时,来访者一开始就说她不知道从何说起。于是我主动承担起责任,立刻以尽可能温柔和善的语气向她解释,在上次治疗结束时我的言语不当,理解有误,因为我想起了自己的生活经历,没把注意力全部放在她的生活经历上。这样做其实已足以修复"共情性调谐"中出现的裂痕了。然后,令人惊讶的事情发生了,因为我的坦诚,她开始相信我是在深深地关心着她,关心她内心深处的情感,这让她有了足够的信心,也有了勇气和我分享一些她以前从未对任何人说过的事情。她泪流满面地告诉我,我的理解是对的,几年前她才得知,她是让母亲深感后悔的一次偶然性行为的产儿。所以,她的不安确实是受母亲的影响,但不是我想象中的那种。她觉得这就是母亲拒绝她、其他人不认可她的根本原因。很明显,在理性层面上,她的负罪感是没有真实依据的。然而,她在内心深处却坚持认为,自己是在不受母亲欢迎的情况下来到这个世界的。我想,还在母亲子宫里的时候,她可能就已经接收到了这个信息。

现在,我们已经有了一把可以为她解决问题的钥匙,她终于能够走出困境,带着被修复的自尊和新的自信继续前进。在整个过程中,作为治疗师,我一开始表现出"持续性共情式询问"的态度,接下来却因为我的失职出现咨访关系的破裂，然后我采用一种主体间态度来恢复共情性环境。我完全是按照凯斯门特在《向病人学习》一书中的要求做的。在认识到自己被反移情所误而犯错后，我和来访者讨论了错误，承认了错误，并试图纠正它，还与来访者一起从中吸取了教训。做完这一切之后，我们就能够进入一个新的合作状态，一起去探索和构建她的人生故事，在这个过程中，她的心理结构发生了重大变化。

事实上，在咨询室里，随着我们的咨访关系从"共情性调谐"状态到破裂，然后又在我们的期待下回到被修复的"共情性调谐"状态，在此期间，"情感温度"不断在上升然后又下降。可以预期的是，作为治疗师，我们不可能一直保持在"共情性调谐"的状态。实际上，我们注定要被自己的反移情、投射性认同或来访者的投射所控制，或者在我们感觉不太舒服或全神贯注于自己的材料时，偶尔"不在状态"。

不过，来访者更感兴趣的是，他的治疗师是否在一段稳定的时间内保持"持续性共情式询问"的态度。如果答案是肯定的，来访者就会意识到，治疗师是真正关心、理解他内心最深处的情感状态的，简而言之，治疗师把理解他视为头等大事。要让来访者产生这样的认识，需要治疗师在这个过程中慷慨地奉献自己，为来访者提供一个充满爱的环境。这就是温尼科特所说的抱持和比昂所说的容纳的本质所在。婴儿在很小的时候，大部分时间是由母亲抱着的，这给了他一种安全感，也给了他生存需要的物资。鲍尔比在动物行为学上所做的比较研究表明，动物不仅需要母亲提供的食物，也想要安全、保护和情感滋养。我想再次提醒大家注意哈洛和齐默尔曼实验中的铁丝"代母猴"和布料"代母猴"。与此相反，以前的精神分析理论家（如弗洛伊德）认为，生存才是第一本能，即生本能、死本能和对食物的需求本能。

所以，请允许我对鲍尔比的基本原理稍作延伸，我认为，对治疗师来说，能否提供"共情性调谐"极其重要。本书这一部分描述的三种理论都以共情概念为焦点。不过，行文至此，我想我已经大致阐述清楚我对"共情"一词赋予的特殊含义了，即主体间共情。

## 整合理论：关系取向

作为一种整合性理论，"习得安全感"理论明确提出，心理治疗的目的就是要创造适当的条件，让来访者平生第一次体验到安全依恋。这能让来访者体验到一个深刻的治愈过程，简而言之，安全依恋治愈了来访者在童年和青少年时期遭受的发展缺陷——由于遭遇一种或多种创伤性危机，他没能完成一些必要的情感和心理改变，所以也没能获得正常发展阶段本该具有的情感成熟度。

该理论聚焦于治疗师和来访者之间的关系，将来访者的情感放在首位，并重点关注那些给来访者的发展造成损害的不良情感体验。因此，与它的"前辈"们一样，它也是一种关系取向的理论。无论是依恋理论、自体心理学、主体间性理论还是我在这里提出的整合理论，都强调治疗师的主要职责就是充当来访者的照顾者。我以重建、维护和巩固来访者的自体体验为己任。当来访者前来求助的时候，我意识到他正在交给我一项重任——为他疗愈由过往经历造成的发展缺陷。也许他在这样做的时候自己也处于懵懂状态，并没有意识到这就是他出现在我面前的主要原因之一。不过，当我开始简单直白地谈论这些问题时，许多来访者会直觉地意识到，原来这就是他们前来寻求治疗的原因。他们向我诉说被爱和被关心的需要，声音里充满了发自内心的渴望。作为治疗师，我们首先要做的，就是在治疗的环境中奉献自己，有了这种奉献精神，我们才能始终如一地向来访者提供关爱。

用鲍尔比的话说，我把自己在咨询室的角色设定为坚如磐石的"安全基地"。刚开始的时候，来访者会和婴儿一样，想要立即得到满足。就像婴儿哭闹着希望饥饿感能马上得到缓解一样，刚开始建立治疗关系的时候，来访者总是希望他一打电话或发邮件我就会立刻回应。渐渐地，他知道必须学会等待，至少要等到我有了回复他的邮件或语音留言的时间，或者等待在下次治疗时再彻底处理他的感受。要让来访者学会"延迟满足"，这和科胡特的"恰到好处的挫折"这一观点是一样的，就是让来访者了解到，"理想化双亲影像"既不是完美或理想化的，也不是另一个他，但他的"自体客体"（这里指治疗师）在尽力做到最好，好到能让他企及的程度。她是真实的、有着各种缺点与不足的普通人。正如我之前所说，这就是所谓的"学习"，学习去接受治疗师身上和生活中那些不那么理想的东西。

罗纳德·布里顿（Ronald Britton）在其著作中说过一句充满智慧的话。他说，在一个人解决了俄狄浦斯情结之后，就会安于一种"不太理想"的生活。虽然这看上去是一种损失，但实际上是一个伟大的礼物，因为现实生活中"不太理想"的东西太多了，认识到这一点后，我们就开始接受现实，不再妄想去摘天上的星星了。

## 移情状态

和传统的精神分析治疗师一样，我也认为，来访者的心理异常会在咨询室里的此时此地，在咨访之间的移情状态下表现出来。来访者担心治疗师的反应会和他过去的重要他人一样，担心充满创伤的危机事件会再次发生。此时可能会发生下列两种情况之一。第一种情况是，在"投射性认同"的作用下，治疗师被迫以来访者预期的方式行事。这就需要治疗师充分认识到自己的错误，对发生的事情进行反思，并与来访者开诚布公地沟通，尽其所能地修复破裂。第二种（出现概率更大的）情况是，来访者会发现，治疗师的反应与过去的重要他人截然不同。虽然来访者觉得这样的反应很陌生，也让他感到困惑，但他会大大地松一口气。在类似的体验反复出现后，来访者就会逐渐认识到，创伤并不是不可避免的，治愈也是有可能发生的。这就是为什么治疗师能成为一个"安全基地"，为什么来访者能体验到"习得安全感"。

在刚开始治疗时，我通常会采用"一致策略"，也就是说，我会肯定来访者对世界的看法，不会过多地质疑他。就像一整个营的士兵一起走在阅兵场上的时候，他们会刻意地保持步伐一致。随着治疗的进展，当治疗联盟关系真正建立起来后，我就会转向"互补策略"，也就是说，我会提出更多的质疑和不同意见，让来访者意识到改变是可能的，他可以调整自己的思维和行为方式以适应这个世界。当然，我也知道，说来容易做来难，理论是一回事，在咨询室中的实践又是一回事。但治疗师一定要把对来访者的质疑视为给他的"礼物"，而非"惩罚"。这不禁让我想起一位来访者最近说的话，当时我正在指出他的一种不良生活模式，他对我说："我知道你这么说是为我好，因为你关心我、在乎我。"

上面描述的就是我对"移情"概念的特殊用法。科胡特描述了三种类型的移情（见第 9 章）。我相信，在做长程治疗时，来访者一定会寻找镜像移情、另我移情和理想化移情。在另我移情的过程中，来访者会把我看作和他一样的人，并因为我们在一起而感到安心和温暖。他们会寻找那些微小的迹象，以此证明我们是一样的。例如，本周我的一位来访者告诉我，她发现那天我们都穿了红色的鞋子。还有一次，她说我们两个人经常穿紫色的衣服，这让她觉得心里很安慰。在我的个人治疗中也有这样的情况，我记得有一天我对治疗师说，那天我们俩都穿了一套灰色系的衣服。我承认，我觉得这是一种奇怪的安慰。我猜这是因为它带来了一种融合感，这有助于减轻过往被遗弃经历对我的影响。

在镜像移情的过程中，来访者希望我用充满爱意的眼神看他，希望在我有爱意的眼睛里看到他自己。就仿佛他在照镜子，看到自己在镜子中的样子。像那喀索斯（不自觉地凝视着自己在湖中的倒影，并爱上了自己）一样，他想在我眼中看到一个能让自己也爱上的形象。这样的来访者没有体验过被父母捧在手心、被认为是世界最好、被全世界围着转的感觉，虽然很多父母就是这样对待新生宝宝的。他们需要在心理治疗中体验到这种感觉。所以，治疗师必须对他们的表现和成就表达由衷的赞美，鼓励他们的志向、希望和对未来的计划。这并不是说要把整个治疗过程搞得像"二联性精神病"（folie à deux）一样，这只是来访者必须经过的一个阶段，他需要从治疗师这里得到这种全心全意的关注。

在理想化移情过程中，来访者会认为我是最完美的那个人。这一阶段近似于科胡特所说的"理想化双亲影像"，与来访者在移情反应中对治疗师产生的情感有关。在移情的这个阶段，来访者会认为我无所不知，无所不能，人生一帆风顺，孩子出色，生活完美，嫁了如意郎君，婚姻幸福美满（如果他允许我在他的幻想中结婚的话）。在我的人生中从未曾有他所经历过的那些创伤（他以为如此）。在这之后，另我移情发生了，来访者多少松了一口气，承认他很高兴我也有自己的难处。像我之前提到过的来访者尼克，就因为我和他一样也有诸多人性的弱点，他现在变得和我更亲近了。

## "习得安全感"

到目前为止，本章一直是在对 5 个因素详加阐述，它们也是帮助我创造出这一整合性理论的最大功臣。

1. 指导性概念"主体间共情"。

2. 持续的合作过程。

3. 聚焦来访者（自体客体）移情的必要性。

4. 共同的"讽刺性世界观"。

5. 视咨访之间的情感关系（包括移情和真实感情）为重中之重。

正是因为在咨询室中对这些元素的高度重视，治疗师和来访者之间的许多工作才得以实现。我总是不断提醒自己，咨访关系的重要性无与伦比，所以我一直很重视与来访者的合作。在前面举的例子中大家已经看到，对移情的处理会产生惊人的治愈力。大家在第四部分的个案分析中会对这一点有更深的体会。

看到来访者在我们的努力下能够通过心理治疗发生这么大的变化，真是让人又惊喜又感慨。毫无疑问，这是通过移情反应中那些足以促发改变的力量实现的，但在我看来，这也是咨访之间真实感情的直接结果。在这里我指的是治疗师在一段相当长的时间里对来访者的关爱呵护及为他充当"安全基地"的行为。在这里我要重申在第 4 章中所说的，这要求治疗师要有耐心，要运用我前面描述的所有方法完成为来访者提供"安全基地"的任务。

"习得安全感"有一些基本准则，奉行这些准则的依恋疗法并不适合那些不喜欢被来访者高度依赖的治疗师，因为在这种疗法中，每个来访者至少会在一段时间内表现得极度依赖。对那些偏爱短程治疗或者喜欢出去度假却忘了还有一个四周的治疗没做的治疗师，这种疗法也不适合。

最后，我觉得有必要声明的是，作为依恋理论的一个整合性版本，虽然现在已经是 21 世纪了，但"习得安全感"理论依然把卡尔·罗杰斯提出的核心条件奉为圭臬。如果我们想用"习得安全感"来为来访者打造一个安全的港湾，让他在这里享受晒太阳的乐趣，治疗师需要具备（至少不断朝着这个方向努力）以下三种品质：主体间共情，无条件积极关注，以及真诚。我将在下一章（第 12 章）中对这三个核心条件进行详细阐述，在这里我想明确告诉大家的是，我们任何一个人，都不可能始终如一、永不间断地提供这些条件。当然，在"真诚"和"无条件积极关注"这两条上，我相信每个治疗师确实都有做得近乎完美的时刻。最重要的是，我们总是在努力实现这样的时刻。我真心认为，我们的来访者能够感受到我们的努力、忠诚和必胜的信念，这有助于他们原谅我们的失误。来访者会被我们的慷慨精神和无私付出打动。

正是这种品质——即我们的慷慨精神——让我们能够成为他人的"安全基地"。有了治疗师这个"安全基地"，来访者就能够体验到"习得安全感"。自然，在治疗结束时，我们将无法再为来访者充当"安全基地"，除非他在治疗关系结束时成功将我们"内化"为他的一部分。希望到那时他能做到以下两点。

首先，他将在今后的人生拥有足够的安全感，因为他在治疗过程中成功拥有了一个内化的客体。其次，他能够把治疗中体验到的安全感转移到生活中其他人的身上，或者找到一个（或不止一个）有能力为他提供"安全基地"的人。在治疗中学到的东西让他知道，如果他想要一段令人满意、双向平等的关系，他应该选择什么样的对象。这就是我称之为"习得的经验"的根本原因，因为现在他可以把习得的东西转移并应用于外面的世界了。

第 12 章
# "习得安全感"的
# 临床应用

## 为何需要体验"习得安全感"

对来访者来说，什么样的感受最重要、最美好？如果用一个词来形容，那就是"安全感"。在接受咨询之前，他的生活中一定时不时发生一些意外或反复出一些状况，让他产生一种与"安全感"完全相反的感觉，即"不安全感"。"不安全感"最准确地描述了一个人在童年和青少年时期没能得到父母"抱持"或"容纳"的体验。

说到需要获得"习得安全感"体验的来访者时，我们指的是那些因各种心理问题而上门求助的社会成员，而他们之所以求助，究其根本，是因为他们不幸有一个不安全依恋的童年。始作俑者可能是前文所述的众多原

159

因之一。这种总体上的不安全感和因此而产生的缺乏自尊感，往往会在个体成年后如影随形地伴随他走过寂寂的人生长廊。霍姆斯指出，有些人侥幸逃过了这种不安全感，是因为"心智化"能力使他们获得了一种"挣得安全感"。我也承认，即使在童年缺乏"安全基地"，也有少数人在成年后可以把自己的生活打理得似乎相当好，但我怀疑，他们是真的感到安全，还是因为他们有足够的心理弹性，可以利用防御机制来应对生活的变化无常？

　　每一位来访者都有自己独一无二的人生故事。一想到他们经历的那些创伤，我就会感到心碎，眼里也常会因此而充满泪水。我会发自内心地为他们感到痛苦，我一直就是这样，早在20世纪90年代初，我还是"Relate"的一名见习咨询师时，一些来访者向我讲述他们的人生经历就往往让我忍不住为他们难过。随着对各种疗法的深入了解、见识过来访者的各种行为之后，如在我休假回来后故意迟到或者在移情中感觉受到了轻视就暂停治疗等，我逐渐学会了如何做一名专业的心理治疗师。就是在那个时候，我决定接受精神分析训练。之所以离开"Relate"，是因为我想成立一家私人诊所，从那以后——尤其是在接受精神分析训练期间及之后，我就专门为来访者提供长程治疗了。

## 不良依恋模式与寻求治疗

　　在咨询室里，我们看不到拥有安全型依恋的人。似乎社会上那些拥有安全型依恋的人能免于被莎士比亚所说的"命运残暴的利箭"所伤，他们很幸运地解决并挺过了生活中的那些创伤、危机和丧失，没有前来咨询室求助的必要。这并不是说创伤就不会降临到他们身上，只不过他们能够承受和处理创伤带来的损失和痛苦，无须求助外援而已。简而言之，由于拥有安全型依恋模式,他们显得更为强大。

相较之下,那些拥有不安全依恋模式(不安全矛盾型、不安全回避型)的人会发现,要掌控自己的感情生活太难了。他们更愿意采用那些比较强大、复杂的防御模式。正如我在其他地方所说的,作为个体,我们所有的防御措施都是为了把自己从无法忍受的痛苦中拯救出来。它们会在一段时间内管用——有时几年,有时甚至几十年。不幸的是,这些防御结构总是会在某些时候崩塌。来访者出现在咨询室之日,往往就是他的防御结构崩塌之时(有时会包括一个通常被称为"精神崩溃"的过程),因为他们凭直觉"知道",如果此时没有某种形式的外部帮助和支援,他们将无以为继。来访者实际呈现出来的问题可能很多,种类也很繁杂,而且彼此之间往往有着千丝万缕的联系,但最主要的问题是他缺乏一个"安全基地"——一个让他敢于去闯荡世界的出发之地,一个让他笃定地相信,当外部世界的变幻莫测、艰难困苦让他难以承受时,他可以折返并在那里养精蓄锐的地方。

我们可以用幼儿的行为来做一个类比。很多母亲会带孩子参加一些亲子活动,假如你是其中的一位,你会发现,孩子一开始会紧紧抓着你的裙子或裤子不放,黏在你身边不愿走远。过了一阵之后,他会鼓起勇气,大胆地走到离你几米远的地方,开始拿起一辆玩具车。慢慢地,他的胆子会越来越大,敢于冒险走到更远的地方,并在一张咖啡桌旁边认识了一个小女孩——小女孩的妈妈也坐在咖啡桌旁边。他和小女孩交上了朋友,两人开始一块玩耍。你会注意到,在两个孩子一起玩耍的过程中,每隔一段时间,你的儿子就会回到你身边,从你这里得到情感上的"加油"。他会拉着你的裙子(有时是字面意义,有时是比喻意义),唤起你的注意,在确认过你依然在他旁边(人在心也在)并且一直在关注着他之后,他就会随心所欲地去四处逛,去探索周围的世界。正如鲍尔比写下的那段话(再次提醒大家):"我们每一个人都要走过从摇篮到坟墓的这段路程,如果拥有依恋对象给予的安全基地，能每次都从这里出发，把人生变成一场场或长或短的旅行，这样的人生是最幸福的。"

了解完这些之后，问题来了：作为治疗师，对缺乏"安全基地"的来访者，我们要如何弥补？我坚信，答案就是将"习得安全感"理论付诸实践。

## 为来访者创建"安全基地"

首先要说的是，尽管受过精神分析训练，但我确实认为，罗杰斯的核心条件是建立和产生良好治疗关系的必要条件。如果治疗师想要建立一种关系，使来访者能够继续成长并发展出一种"习得安全感"，她就必须提供共情、无条件积极关注和真诚这些核心条件。在如何引发来访者改变这个问题上，我同意罗杰斯的核心条件是"必要"的，但我不同意这些条件是"充分"的。罗杰斯曾在《咨询心理学杂志》（*Journal of Consulting Psychology*）上发表了一篇经常被引用的论文，题为《人格改变的必要和充分条件》（*The necessary and sufficient conditions for personality change*）。我认为，作为精神分析取向的治疗师，向来访者做出解释也是我们义不容辞的责任。我们必须帮助来访者把他的过去和他现在的行为、思维方式及感受联系起来。正是通过我们的解释，来访者对自己不合时宜的行为模式在认知和情感层面都有了新的领悟，然后他们就可以改变自己的思维、感觉和行为模式——如果他们选择这样做。

我确信，作为心理治疗师，我们应该努力提供的最重要的条件，就是与来访者产生"共情性调谐"。斯特恩（Stern）在 1994 年发表了一篇题为《共情就是解释（谁能说不是）》[*Empathy is interpretation（and whoever said it wasn't）*] 的论文，在文中，他提出了和题目相同的问题，或许也是指出了一个重要的方向。也许"共情性调谐"本身就是一种解释，同时也是一种对来访者的内在特质表达欣赏和理解的方式。在此我把斯特恩的问题引申一下，冒昧地说一句，或许我们需要确保不要"把婴儿和洗澡水一起倒掉"，换句话说，我们应该小心，不要仅仅因为我们怀疑这些核心条件是否算得上解释就否认其重要性。我还想补充一点，我们不应该仅仅因为罗杰斯把它们列为"必要条件"就心存轻视。

现在让我们来重点讨论一下，为了帮助来访者获得"习得安全感"，应该怎样利用这些核心条件。在讨论罗杰斯描述的"共情"之前，我想先给大家展示"共情"的另一种形式，我相信这个版本的"共情"会更适合那些需要在我们的帮助下修复发展缺陷的来访者。

## 主体间共情

"共情"是一个被过度使用的词语和概念。人们经常把它与"同情"（sympathy）的概念混淆。同情是对另一个人"心有戚戚焉"，通常与向另一个人表达同情或怜悯有关。而共情最初在德语中被定义为 Einfühlung（即"神入"）。在德国美学哲学中，它最初是被用来描述一个过程，通过这个过程，一个人可以思考并接近理解那些无生命物体的美丽和本质。我们以爱德华·托马斯（Edward Thomas）的一首诗为例。他是一位有着威尔士血统的英国人，以忧郁、古怪而又对大自然有着深刻的理解而闻名。我认为，身处维多利亚时代和爱德华时代，托马斯尽了自己最大的努力与自然保持接触，在他的诗中，我们看到了自然之美的毫无瑕疵，也看到了人类无法与自然之美匹配的无能，大自然的完美既让他发自内心地悲伤，同时又深感幸福。这种感觉或许就是苦中带甜。

## 晨光

晨光如此美丽，

杜鹃在为丰盈的露珠哭泣；

黑鸟找来了，鸽子也找来了

引诱我去品尝这比爱情还甜蜜的东西；

白云整齐地排列，像一堆堆新割的干草。

炎热、骚动、极度的空虚

天空、草地、森林和我的心。

晨光挑逗我，却又留我独自哂笑，

除了这些形状、色彩和万物活动的轨迹，

我能成何事，又能成何人？

我想要的幸福，就在眼前的美景里。

是否今天就该出发，

远至天堂，远至地狱，

去寻找智慧或力量，匹配这美丽。

开始吧，踏上这被雨淋得斑驳的土地，

希望找到我想要的东西，

听，那欢快而短暂的叫声，

我们对它一无所知，可是在那片榛树林里？

或许我必须安于这现状，

就像云雀和燕子安于它们不能远飞的翅。

托马斯写过很多这类的诗，试图描绘大自然之美与生活体验的真谛，但不知为何，这首诗让我感觉似乎触摸到了那些不可能掌控、无法捕捉的自然之美，在惊叹这完美之时又有点淡淡的忧愁与伤悲，因为人类无法与这样的完美相比拟。所以，托马斯做了西奥多·利普斯（Theodore Lipps）想做的事：扩大"神入"的概念，使之包含各种感受/情感。弗洛伊德其实是利普斯的崇拜者，并且对德国的美学运动非常了解。在《笑话及其与无意识的关系》（*Jokes and their Relation to the Unconscious*）一书中，他第一次提到了"神入"的概念。他明白治疗师必须尝试设身处地地为来访者着想，他说：精神分析师必须使自己适应来访者，就像电话听筒要适应无线传声器一样。弗洛伊德认为"神入"是很有必要的，这样治疗师才能与来访者建立良好的关系，来访者也才能更乐意接受其解释。

费伦茨（Ferenczi）是弗洛伊德的门生，也是他的密友。我们应该好好看看他是如何在一种合作、温暖、友善和接纳的氛围中运用"共情"技术的。他将心理治疗关系视为一个包括两个人的心理框架。他有一种独特的共情态度，这使他能够与所有别人转介给他的来访者一起工作，众所周知，他曾与不少被其他分析师认为"不匹配"的来访者进行治疗。他率先在治疗中用到了合作的方法，在这一点上，可以说他是关系取向精神分析和像我这样的治疗师的先驱，我认为治疗双方的合作至关重要，咨访之间的感情发展也是如此。只有以合作的方式工作，才有望让来访者获得"习得安全感"。我的主张是，治疗师应该设法让来访者参与"共建"，以这种方式进入他的个人世界，同时不断和来访者确认"共情性调谐"的准确程度，在这个过程中对来访者的体验进行全面、深入的了解。这样一来，"共情性调谐"就变成了一种主体间体验。正因如此，我想到了"主体间共情"一词。

不过，除了自己的"主体间共情"概念，我也接受了罗杰斯的一些指导意见。罗杰斯认为，作为治疗师，我们要永远努力倾听来访者并以共情的方式与其交流，我觉得这个观点太正确了。我们既要倾听他们说出来的话，还要努力识别他们的"弦外之音"和"无意识之意"——寻找细微的差别，寻找口误，寻找非言语线索，寻找遗漏或缩写，寻找语气变化。换句话说，寻找隐藏在"只言片语"之下的含义。在情感上与来访者保持调谐同步的同时，治疗师还要理解深度共情状态下的一些细微差别，上述方法就是他们的底气。

但治疗师一定要意识到，英雄所见略同，但绝不雷同。正如格哈特所言，我们的共情首先是一个主观视角，其次，我们正试图判断另一个人当下可能的感受。再次强调，要达到对来访者的共情性理解，需要采用主体间方法，需要留心观察我们关注的人。

关于共情的态度，罗杰斯如是说：

> ……在来访者的感知世界里无比自在。它要求我们每时每刻都保持敏感，持续觉察另一个人内心深处不断变化的感受，觉察他正在体验的恐惧、愤怒、温柔、困惑等所有情绪。这意味着治疗师暂时活在他人的生活中，在他人的世界里走来走去，小心翼翼，温柔体贴，不做任何判断；也意味着去感知另一个人几乎没有意识到的意义。

再次强调，作为治疗师，我们应该打磨自己的技能，以便能够觉察到那些连来访者自己都没有意识到的意义，然后以一种巧妙的方式，把它们修饰成"美味可口"的形式放到来访者面前，这样来访者就会心甘情愿地"享用"并"消化"它们。但是，知易行难，我们也不能期待自己每次都能成功。虽然通过治疗师的解释，来访者现在开始意识到某个问题的深层含义，但在这之前他是毫无觉察的，所以我们有时需要在不知不觉间处理这个问题。霍姆斯有句话说得很有智慧，基于悖论的困难需用悖论的手段才能克服。

可能是因为我们永远都在想办法做到设身处地，所以对自己和他人的最大期望就是获得"共情时刻"，也就是我们对来访者产生真正共情的时刻，与他们内心的感受完全一致的时刻。正是通过这样的时刻，作为治疗师，我们帮助来访者抚平了内心的"不自在"（dis-ease）；通过抚平来访者与过往丧失相关的悲伤和愤怒，我们成功地让他们找回了"自在"（ease）。

我认为，治疗过程永远都是这样的：不断破裂又不断修复的共情，与有着相同内在特质的来访者不断接近又不断远离（因为来访者希望治疗师能够完全理解他的体验，但治疗师无法满足这样的高期望）。在治疗过程中出现破裂无可厚非，破裂发生时我们是否尽了最大努力去修复才是最重要的。我们可以把福沙那句关于母亲的名言搬过来：孩子只需要母亲在 30% 的时间里与他完全同步，但需要母亲在亲子关系出现裂痕时尽全力予以修复。这条规则也同样适用于治疗师和来访者。如果治疗师想让咨访关系真正有利于治疗，她是否具有修复裂痕的能力和意愿至关重要。

## 真诚

在帮助来访者形成"习得安全感"时，治疗师能否在工作中保持真诚也至关重要。在我看来，要做到真诚，最重要的就是不把自己藏在"专业人士"的姿态之下，因为这意味着我们在隐藏"真实自体"，摆出一个"虚假自体"给来访者看。如果我们这样做，来访者就不会真正理解"所见即所得"（what they see, is what they get）的含义，还会因此认为我们不值得信任。

在我看来，来访者使用的躺椅和治疗师使用的座椅微妙地暗示了一种结构性的力量差异。在现实中，治疗师的优势是能够看到"来访者"，"来访者"却不能与治疗师有任何目光接触。这使来访者处于不利地位，也暗示了一种隐蔽的力量差异。出于类似的原因，正如我在前言中所述，我选择使用"来访者"而不是"患者"一词。我意识到"患者"的意思是"受苦的人"，虽然确为实情，但"患者"一词与医学模式具有内在的联系——这种模式处处都显示出力量的悬殊，医生是"生杀予夺的掌权者"。我不喜欢权力话语中"患者"一词的含义。

我并不是天真地认为，我们可以彻底消除咨访关系中的力量差异。诚然，如果来访者不喜欢治疗师提供的服务，他有权利最终选择离开，但这显然忽略了治疗师对来访者或有意或无意的情感控制。在我看来，要完全消除来访者心目中治疗师就是"大师""专家"的错觉是不可能的。正如我之前所说，我认为并不是只有治疗师才知道那些"未经思考的已知"，在这里我指的是来访者对人生意义的总结和他的个人禁忌、秘密及幻想。如果只有治疗师才知道来访者的心理本质，那他的力量未免也太强大了。那些"未经思考的已知"肯定是需要来访者和治疗师合作才能发现的。

在我 20 世纪 80 年代末 90 年代初接受精神分析训练时，分析师（和督导师）通常视来访者为"婴儿"或"受害者"。这种语言玷污了咨询室，因为它诋毁了来访者掌握自己命运的能力。在我所受的训练中，主流意识形态认为，应该重点关注负性移情。如果据此行事的话，最后我们会把治疗变成一种惩罚机制。我不是唯一一个在 20 世纪 90 年代批评这种意识形态的人，也不是唯一一个将它当作反面教材的人。苏·格哈特（她在同一时期受训）也颇为厌恶地讲述了类似的经历，当时她带着一个来访者去接受督导，却被清楚地告知要摧毁来访者的受虐倾向。该指令背后隐藏的意识形态带着一种高高在上的优越感，如果它被采纳，那将会是对来访者的一种惩罚。正是这样的语言使来访者和治疗师之间的力量差异得以一直持续。

最重要的是，治疗师要尽最大努力保持真诚，换言之，在咨询室里做真实的自己，以减少确实存在的权力话语。关于这点，我们可能有必要谈谈如何使用"自我暴露"。对我来说，这意味着要回答一些关于我自己的问题，而不用追问来访者的方式回避对方的提问，诸如"知道答案对你来说重要吗，为什么？"或者"为什么你想知道？"有时，拒绝回答问题是对来访者的智力和敏感度（因为他内心往往已"知道"答案）的不尊重。我认为"自我暴露"的具体内容很关键，是关于个人生活中的"事实"，还是关于我的价值体系或个人感受，两者显然不可同日而语。不过我要澄清一点，当且仅当"自我暴露"的目的并非为一己私利或宣泄情绪，而是认为该信息有助于来访者更好地了解正在讨论的问题时，我才会选择披露一些个人信息。

来访者可能不太了解我们，不太了解我们的伴侣或家庭，也不太了解我们如何度周末，但在咨询室里共度了那么多"亲密时光"后，他们对我们的"本质"有了惊人的了解。他们知道我们怎样为人和处世，就像我们知道他们的习惯和好恶一样。举一个关于真诚的例子，这是我的治疗师不久前说的一句话。他指出我性格中有两个看似矛盾却相辅相成的方面，并对此做了一番解释，我回答说："但你也和我一样，身上同时有这两个特点吧？"他非常诚实地回答说："是啊，我不介意承认这一点。在一起这么多年，你这次的感觉挺对的。"这是一个真正真诚的例子。值得庆幸的是，他没有躲在专业的面具后面保持"空白屏幕"。

保持真诚意味着无论你在什么情况下看到我——是今天心情不错的我，明天生气恼火的我，还是七年前父亲去世悲痛欲绝的我，我都是一样的。为了让大家更明白何谓真诚，我用亨氏茄汁焗豆罐头来做一个形象的比喻。如果你把罐头横放，然后从不同的点以横断面切开，每一次你看到的图像都是一样的：外面是被一层包装纸裹着的金属圆环，圆环内是塞得满满当当的焗豆。这就是我希望出现在来访者面前的样子，焗豆罐头横截面！不管来访者什么时候与我互动，我希望我的画风都是一样的。

从实用主义角度说，真诚可以让来访者对治疗师产生深深的信任感，相信治疗师是一个值得信赖、可以依靠、始终如一、胸有成竹、指挥若定的人。我认为，如果来访者要形成"习得安全感"，治疗师身上就必须具备这五种品质。我在下文中会对这些品质做进一步讨论，不过在此之前，我们先来讨论罗杰斯的最后一个核心条件：无条件积极关注。

## 无条件积极关注

卡尔·罗杰斯把无条件积极关注描述为对来访者的"无条件重视"（non-possessive prizing）。治疗师要让来访者知道，她对他的接纳没有任何条件——她接纳他的一切，无论好坏，照单全收。罗杰斯相信，很多心理异常的根源就在于个体得到的接纳是有条件的——我称之为"如果我这样做……她就会爱我综合征"。

因此，罗杰斯认为（我也认为），当来访者感到自己身上"好"的部分和"坏"的部分被全部接纳时，治愈就会发生。许多人，尤其是在治疗的早期，用梅兰妮·克莱因的话来说，陷入了"偏执-分裂样位态"，在该位态下，个体会将生活和个人划分为"好"的和"坏"的。所以，来访者需要感觉到自己"坏"的部分和自己"好"的部分一样，都可以被接纳，因为我们都是普通人，都有好有坏。因此，如果来访者在成年后想获得"习得安全感"，想体验拥有"安全基地"的感觉，治疗师是否给予无条件的积极关注至关重要，也就是说，是否能无条件地接受他所有的一切。这意味着我们在和来访者打交道时一定要采取非评判性的态度，接纳他的不同。

实际上，就像"共情"状态难求一样，要达到无条件积极关注也非易事。更准确地说，作为治疗师，我们也只是有时能做到，有时不能。不能一直做到无条件积极关注也无可厚非，但我们要坚持不懈地努力朝向该目标，这才是最重要的。

# 边界问题的重要性

下面这些个人品质应该被治疗师视为毕生追求的目标：

- 稳定；

- 规律；

- 可信；

- 可靠；

- 充满感情；

- 永远关心；

- 来访者第一位（无论个人的心理状态如何）；

- 容纳和抱持来访者，保持框架；

- 在休假或治疗间隔期也把来访者放在心上。

很多见习治疗师极其轻率地认为，日复一日、年复一年的坚持并不重要，在来访者需要的时候始终在线并不重要，在休假前明确知会来访者并不重要。当然，作为治疗师，我们只是普通人，也需要从日常辛苦的工作中解放出来休息和放松，给自己充充电，但我们不能因为治疗在一定程度上具有"即时交易"的性质，而只提前一周通知来访者治疗延期就飞去海滩晒太阳。我知道很多治疗师在现实中就是这么做的，任来访者留在那里胡思乱想，猜测治疗师是否只是以"不在"为借口，实际是报复他在前一周的移情中给予的"伤害"。正是因为来访者可能会有这类天马行空的幻想，所以如果我们需要休假或对常规安排做一些改变，必须清楚明确地告知来访者。这样也能让来访者有时间处理他们对治疗暂时中断的感受，想清楚是否要把真心话说出来，这可能会避免他们将内心的感受诉诸行动。作为治疗师，我们最好记住卡恩（Kahn）的话，咨访关系之间还存在着一种叫"共移情"（co-transference）的东西，它是咨访关系中不可分割的一部分。这意味着，作为治疗师，我们必须小心谨慎，因为当来访者处于移情神经症状态的时候，我们的任何行为都有可能被他们给予另一种解释。

严格遵守每周的治疗安排，践行可信、可靠原则同样重要。例如，如果对一个来访者的安排是每周四下午2点，那就一定要把这个时间段留给来访者，来访者只要想来就可以来，除非有一方另做安排。治疗要严格遵守时间限制，一定要准时开始，在规定的时间结束，这样来访者就能确定什么时候是"他的时间"，并知道时间参数。

可信、可靠的原则也适用于咨询室的环境布置。要让咨询室在每一次治疗中看起来都是一样的，不要让治疗师的个人物品对来访者造成干扰，因为他们可能会因此分神。我曾与一些督导对象共事，他们说自己的治疗师在咨询室里放满了各式各样的书籍和DVD。让这些东西出现在来访者眼前会引发他们对治疗师各种各样的幻想，进而引发他们的焦虑。尽管如此，我们还是应该尽力打造一个充满愉快氛围的房间。你可以精心挑选一些装饰品，把你的墙壁从克莱因流派治疗师倡导的那种光秃秃、一片白中解放出来。

"稳定"一词不仅适用于治疗性会谈，还适用于治疗师的情绪。她必须全心投入、胸有成竹，愿意也能够接受、倾听并理解来访者的材料，不管在她自己的个人生活中发生了什么。即使面临艰巨的压力或创伤性事件，治疗师也需要把来访者安排好。如果觉得自己真的没办法把情感完全放在来访者身上，她应该暂时离开工作，休整一段时间。否则，她就必须在治疗性会谈期间把自己的担忧和焦虑放在一边，全身心投入来访者的问题中。

同样，治疗师不能让自己在治疗期间走神，即使来访者的材料特别乏味。她必须始终如一地表现出对来访者的关注，就像弗洛伊德所说的那样，要保持一种"均匀悬浮注意"。如果治疗师感到无聊或有压力，最好探索一下导致自己产生这种感觉的反移情。在这种感觉背后，咨访之间存在什么样的动力？产生了什么样的"投射性认同"？来访者投射的是什么不愉快的内容而使她产生了这种感觉？为了学习如何处理反移情，我建议大家阅读格林森（Greenson）的论文《对病人的爱、恨与冷漠》（*Loving, hating and indifference towards the patient*）。他建议，当我们在反移情中被某种感觉压倒时，在做出任何反应之前，最好先用一点宝贵的时间做一番仔细的考量，这样才有可能在最后做出准确合理的反应。要了解这种方法是如何奏效的，大家可以去看看我的另一本书中关于麦洛（Milo）的个案分析，该案例是关于来访者使用厕所的问题。

行文至此，我已经列出了几个要点，它们都有助于创造一个良好的治疗环境，让我们有足够的力量和弹性去"容纳"和"抱持"来访者。温尼科特将这一过程形象地比喻为母婴之间的互动，当婴儿觉得有些东西自己无法应对时，就会把它们投射给母亲，而母亲需要在精神和肉体上都足够坚强才能承受婴儿的投射，然后再把这些东西转变成一种可控的形式返还给婴儿。我们希望母亲在生儿育女之前就已经学会了自我调节情绪，这样婴儿就可以利用母亲的前额叶皮层，直到他自己的前额叶皮层发育成熟。正是这部分大脑的发育使我们能够进行反思，而这是很多来访者在治疗初期缺乏的能力。这样的来访者会成为情感的奴隶，常常感觉被排山倒海一般的情感压倒，并有在这种力量下分裂或解体之虞。这是治疗师必须学会"容纳"艺术的主要原因之一。作为治疗师（就像温尼科特一样），我们必须接住来访者的情绪问题，帮助来访者进行处理，然后将这种感觉以一种可控制、可消化的形式返还给来访者。

我曾提到过对治疗师的一个要求，她要向来访者投射一种确定感，即她确实牢牢掌控了自己的世界。这就是"抱持"和"容纳"来访者所需的能力和决心。我们要让来访者相信，无论治疗师的个人生活中发生了什么，治疗师都能从容应对、游刃有余，不会影响正常的工作和生活。我有时候认为，来访者对治疗师的这种信任部分是因为他们不知道我们的个人生活里发生了什么。如果他发现我们在生活中也有无法应付的事情，可能会感到幻灭。这就是为什么当治疗师身患重病无法工作时，来访者会感到难以接受的原因之一。

鲍尔（Power）在她的书中也谈到了这些问题，这本书探讨了治疗师的退休计划及被迫结束治疗对来访者和治疗师的影响。我的猜测是，当治疗师无法对来访者说清楚他们的退休计划时，来访者会感到非常痛苦，尽管我承认有时这是不可避免的。来访者可能凭直觉或者实际上已经知道治疗师病了，但还是会对她退休的理由胡思乱想。他们可能会认为她把其他人的需要看得比自己更重要。当罹患疾病或家里出了紧急状况而让我们感到无法将全部注意力放在来访者身上时，我们需要尽量与来访者进行体贴入微的沟通，这样不管是幻想也好，现实也好，都可以在治疗结束之前得到处理。这就是"抱持"和"容纳"。

下面我们来谈谈如何处理治疗间隔期的问题。在前后两次治疗之间的这段间隔期，治疗师要把来访者放在心上，要让来访者能找到自己，无论是通过电子邮件、电话、语音邮件，还是短信。接受长程治疗的来访者会非常依赖自己的治疗师，这是因为我们实际上成了他们在儿童或青少年时期从未拥有过的"安全基地"。我们正在为他们提供一次珍贵的经历，能作为治疗师参与他们的蜕变过程，也是我们的荣幸。首先我们必须是可靠的，这不仅意味着要始终如一地关心来访者，全身心投入他们的材料，还意味着在他们需要的时候一直都在。在此我要提出警告，如果你不喜欢来访者在这之后对你的依赖程度，对你的来访者采用另一种疗法可能会更舒服。正如我的治疗师最喜欢说的一句话："如果你受不了这热浪，就离开厨房！"

因此，这类治疗最大的回报，就是看到一个人平生第一次领略到拥有 "习得安全感" 是什么滋味，看到他带着真正的安全感去外部世界闯荡冒险，我认为世上很少有比这更让人满足的体验了。但是，这样的满足和奖赏是有代价的，代价是你得随叫随到，即使是在周末和休息时间。而你的来访者，因为正处于了解拥有 "安全基地" 是何滋味的依赖阶段，可能会反反复复地考验你，不管你是在工作还是在休假。事实上，他的分离焦虑很可能会因为你不在而变本加厉。因此，你要提前做好准备，让来访者在你休息的时候也能够联系到你。无论我在世界的哪个角落旅行，我都会在电子邮件中提供相关信息，也会通知来访者我什么时候可以接电话。但我不会承诺即刻满足，来访者必须理解并学会延迟满足，这是他们能够做到的。即使是孩子，也不可能打个响指就让妈妈出现，他必须等待，直到她到幼儿园来接他。但她必须来。当她离开去度年假时，他是等不了两个星期的。

关于这条原则，也许我需要说说它的基本原理。作为治疗师，我们知道依恋理论，也知道移情神经症，所以，从逻辑上我们可以理解来访者在长程治疗中会变得多么依赖治疗师。但是，大多数来访者根本不知道他们正在经历的这个过程有多复杂，也不知道依恋理论。因此，作为治疗师，我们需要清楚地知道，我们是否有道义上的责任陪伴在来访者身边，无论是否方便，无论你正身处何方——也许是在家庭宴会上，也许在一个朋友的葬礼上，也许在马丘比丘享受最好的假日阳光。

## 结束语

综上所述，我认为那些希望帮助来访者获得 "习得安全感" 的治疗师需要有一种使命感。这是因为，它需要你在与来访者的工作中前所未有地忘我付出。正如我的治疗师所言，这可能是现代世界中最令人喜爱的工作之一。我们付出关爱，在看到来访者因有了安全感而产生的成长和变化时，也得到了前所未有的满足。

事实上，我们确实是"准安全基地"，因为我们不可能在来访者一生中都与他们保持关系。正如霍姆斯所说，治疗师和来访者之间的亲密关系既真实又不真实，它被压缩在咨询室的伦理和物理范围内。我们与来访者终将在某一时刻分道扬镳。不过，如果治疗师全身心投入了这段治疗，严格遵守了"习得安全感"理论，她就已经向来访者提供了重要的习得的经验。这样，虽然治疗结束了，但来访者可以将这些经验应用到与其他人的关系中，并有勇气投入感情与真心。但最重要的是，他会把治疗师"内化"为自己的一部分，这意味着治疗师会在今后的人生中永远陪伴在他左右。无论何时，只要他想和她单独相处，就可以召唤出已被"内化"的她。因为已对她有了深刻的了解，所以他完全能够设想出她会怎么回答，就好像她就在他身边一样。这样的"内化"可能是治疗师能够给予来访者的最宝贵的礼物。

# 第四部分

# 个案分析

# 13 ATTACHMENT THEORY
## Working Towards Learned Security

第 13 章

# 尼克：找回属于自己的力量

尼克，男，17 年前第一次来到我的咨询室。刚开始的治疗频率是每周一次，但几个月后，随着移情的加深，每次会谈中要处理的东西实在太多了，每周一次的治疗显然不足以完成工作了，于是我们商定将治疗频率改为每周两次。在一起工作的大部分时间里，我们见面的频率都是每周两次，这种治疗安排持续了 8 年后，我们又商定将治疗频率改为每周一次，并约定 6 个月后结束治疗。

在接下来的 7 年里，他通过电话联系了我好几次，通常是告诉我他生活中又有了什么重大变化。例如，告诉我他终于结束了和生意伙伴的关系（这是我们以前共同制定的策略）；告诉我他决定结婚了；告诉我他的父亲去世了；告诉我他的妻子诞下女儿时他有多喜悦。在这些年里，他也多次给我打过电话问我是否还在执业，想给我介绍来访者。我觉得这种行为多少透露了他的一些隐晦曲折的小心思：首先，这样做代表了对我的一种报答，因为他觉得我在他最艰难的时刻提供了帮助；其次，如果朋友和同事在他的引荐下来找我，在我这里有了和他相同的经历，就证明他在长程治疗中投入大量时间与精力是一个正确合理的决定。

两年前，尼克再次联系我，这一次他表达了想重返治疗的愿望。当一位以前的来访者表示希望重新接受治疗时，我一般会从心理动力和过往治疗情况两方面考虑对方的这个决定。以尼克为例，当我们在 2007 年结束治疗时，我就意识到，他很有可能会在某个时刻再次回到我面前，我只希望这个时间点能在我退休之前到来。事实上，我之所以觉得他可能需要再次接受治疗，是因为我心里很清楚，他寻求治疗的最根本原因是为了得到我现在称之为"习得安全感"的体验。我觉得，当我们在 2007 年结束工作时，那个逐步确定自己拥有"安全基地"的过程并没有在他的意识里留下不可磨灭的深刻印象。这一点我们稍后再谈。

在尼克的治疗初期，我的督导师曾提出疑问，按照尼克的说法，他与母亲的关系对他造成了极其严重的伤害，这究竟是"历史真相"还是尼克的"叙事真相"？ 1999 年，尼克曾描述过幼年时他与母亲之间的不良关系模式，这种模式对他造成的影响一直延续到成年。20 世纪 90 年代后期，我正在接受精神分析取向心理治疗师训练，其中包括了一个强化督导项目。我的督导师在花了一些时间了解了尼克的个案后，认为我可能被他的移情"诱惑"了，因为他的移情正好呼应了我的"谐振性反移情"（syntonic countertransference）。现在回头看，当时作为一名实习心理治疗师（尽管已经是一个有着十年经验的资深咨询师），我的确有可能"生吞活剥"似地将他叙述的故事全盘接受了，却没有意识到他所说的其实只是他自己对过往经历的理解。不过，如今我已经是一个远比当年经验丰富的分析治疗师了，自信能做到一直"用第三只耳朵倾听"。从多年的治疗实践中，我已经学会了在面对所有来访者时，从头到尾用"第三只耳朵"倾听他们的故事，不断过滤和筛选他们告诉我的内容，同时计算这些内容是否与他们在不同场合讲述的另一个故事版本的"总数"相同（也就是说，故事细节是否一致）。如果来访者在不同场合讲述了同一个故事的两个、三个或更多版本，我就要判断它们是讲述了同一个故事并相互佐证，还是说法不一、大相径庭？作为治疗师，如果想做到心中有数，不被来访者的故事"欺骗"，上面提到的计算过程就是我们每天的必修课。霍姆斯用另外一种稍有不同的方式说到了这个问题，他称其为"三角互证"（假设有第三人在场，从第三方的角度审视来访者的故事），我猜他的意思是，治疗师要从一个隐喻的第三方立场审视一切。

这种直击尼克心灵的伤害到底是种真实存在，还是只存在于他的感知世界中呢？关于这个问题，我们不妨换一个角度来考虑，所以我想谈谈我的反移情。我现在意识到，对他的反移情包含了因他的创伤而引发的共鸣，这种创伤同时还唤起了我的"谐振性移情反应"。为了把这一点讲清楚，我需要先解释一下，我们的反移情通常分为两部分：第一，它是对来访者移情的响应。当尼克将他的"伤口"展示给我看时，他在无意识层面是希望以此唤起我的一种特别反应，这种反应是我内心对他的温柔怜惜，是想要和他建立起情感联结以安慰他、治愈他成长缺失的冲动。第二，它与尼克没有什么关系，因为他的故事让我想起了我与一个客体的关系，简而言之，就是我与父亲的关系，所以我对他产生了一种源自我内心的移情反应。我的父亲从前就常常用他的创伤与我产生"共情性调谐"，以此和我保持非常紧密的情感联结。我的父亲有一部分自体是"受伤的孩子"，当我还是个小女孩的时候，他就常常带着这个"受伤的孩子"来找我，目的是从我这里获得帮助（通过一个我们称之为"亲职化"的过程）。我认识到，正是因为有过这样的生活经历，所以当我面对"受伤"的尼克时，才会条件反射一般产生了移情反应，尽管我知道尼克在意识层面对此一无所知。但现在的我同样意识到，可能多年前他在无意识层面觉察到了我的这一弱点。我想你应该知道，人与人之间的沟通大多是在无意识层面进行的，估计占了我们全部沟通的 80% 以上。

对我来说，有一点需要格外小心，因为我生活中这些异常的部分与他的经历在某种程度上是一致的，所以我能更强烈地感受到他的痛苦。在长时间的深思熟虑后，最后我选择相信他反复讲述的都是事实——母亲故意冷淡、忽视他，故意在父亲面前将他的一些孩子气行为曲解为不听话，我相信这是对他童年经历真实而准确的反映。正如麦克亚当斯（McAdams）所说，来访者的"叙述语气"体现了他的迷思，是来自他最初的依恋体验。最理想的安全依恋体验会让人相信自己最终会成功，而有不安全依恋史的人则不会相信人生会有幸福的结局，因为他的经历已经向他证明，个人的愿望总是会落空。我和尼克有着相似的人生经历，部分由于这个原因，我们非常喜欢对方。我想，在我的余生里，尼克会一直在我心中占有一席之地。

由于尼克的依恋对象经常无法在情感上满足他，而且总是忽视他，导致尼克形成了不安全 - 矛盾型依恋模式。正如我之前所言，尽管我尽了最大努力去提供一种修复性体验，希望让他重建安全型依恋模式，但当我们在 2007 年结束治疗时，我觉得这段重建之旅并没有完全融入他的心理结构。我们之间的关系很复杂，因为尼克好几次试图把我们的关系延伸到咨询室之外。他邀请我共进晚餐，邀请我参加聚会，建议我们一起做一些创造性的工作。这么多年过去了，似乎尼克种下的思想种子终于生根发芽了，因为我决定邀请他写一篇文章，描述一下这段长程治疗对他的意义，他很愉快地答应了。这篇文章就附在这篇个案分析的后面。

尼克那时候建议我们在咨询室以外的地方见面，这是一种表示喜爱、赞赏的善意之举，也是一种"理想化双亲移情"的结果。我现在可以"事后诸葛亮"般地看到，在我职业生涯的那个阶段，我不知该如何开口向他坦诚解释这些请求的负面影响，因为它可能导致我们的治疗关系结束，并损害我的职业声誉。每一位治疗师都要经过一段时间的实践后，才能逐渐学会如何措辞得体地把反对意见作为"礼物"给来访者，而不是作为"惩罚"，也就是说，对来访者解释清楚这种行为的负面影响，但要让你的话听起来不像是在拒绝，而是为了他的最大利益而做出的最佳选择，要让来访者理解你的良苦用心。尼克在提出邀请时，毫无疑问是充满诚意和感情的，完全没有任何恶意。我知道一些治疗师更倾向于去关注和解释来访者在治疗过程产生的负性移情，但我现在可以很自信地说，我不同意这种做法，理由就是对来访者采取轻视和负性态度会产生极其不良的影响。这不是我想要的工作方式，它与我提出的"习得安全感"理论背道而驰，我也看不到它对来访者的心理成长有任何好处。以我多年的实践经验，再加上那些在治疗过程中与我采取类似方法的治疗师取得的许多积极结果，我可以肯定地说，爱才是最后的赢家，而非执着于对负性移情给予所谓"犀利"的解释。

对尼克的治疗还留下了不少"未完成事件"，其中一些是由于我自己的能力不足，一些则是因为尼克当时的人生阶段并不是处理问题的好时机。我相信尼克会在某个时候重回咨询室来完成修复性体验，获得我后来命名的"习得安全感"。当机会在 2014 年再次出现时，我很兴奋。不过，是什么促使尼克第二次向我寻求帮助呢？我对促使尼克前来的原因充满好奇。

当然，这并不意味着我不赞同他在 2007 年所做的结束治疗的决定。作为有经验的治疗师，有时我们会认识到，让来访者在没有心理治疗师的保护和指导下进入外部世界是合适的，尤其是在来访者已经接受了很长一段时间治疗的情况下。当尼克再次前来寻求治疗时，是带着足够的动力和直觉的心理感受性的。但在 2007 年，我感觉他需要一段时间来巩固所有的心理变化，并将迄今为止在治疗中习得的经验付诸实践。此外，当我们的治疗进行到第 7 年时，尼克有了一个新的伴侣并对她产生了日益深厚的依恋，他需要把更多的时间和情感倾注在这一段关系上。在某种程度上，我感觉到他对我的依恋在（无意识中）阻止了他向她做出承诺。他对我提到了一些与她相关的事情，虽然很明显带着不以为然的语气，但从他的话中可以明显看出，她嫉妒他和我的关系，部分是因为这段关系持续了很长一段时间，而且他坚持我"确实救了（他的）命"。我发现这是一个普遍存在的事实，来访者的伴侣经常会为他们与治疗师的亲密关系"吃醋"，我认为这种情况需要治疗师们好好衡量一下。

作为一名精神分析治疗师，我坚信在来访者人生中的某些时候，接受心理治疗是一个非常关键的举措，但我也相信，有时外部世界的需求应该得到优先考虑。我知道读者中有些虽然和我是同行，但与我的从业经历并不一致。我在受训过程中了解到，一些治疗师坚信来访者应该永远把接受治疗放在第一位，但我不这么认为，也不会在我的来访者面前援引那样的"规则"。在我看来，外部世界是不容忽视的存在，任何时候都需要加以考虑。

## 尼克的早期经历

尼克的父母养育了两个孩子，他是第二个孩子。父母是在他出生前不久在一起的，这段婚姻并不幸福。他对姐姐一直很依恋，要靠姐姐在母亲面前护着自己，因为母亲可能更希望第二个孩子也是女孩。大女儿一直是母亲最宠爱的孩子。对任何一个人来说，被区别对待都是痛苦的，更别提永远被拿来和一个被偏爱的人放在一起比较，而这个人还是你爱的人。不过，尼克从不嫉妒姐姐，因为她向他伸出了宝贵的援手，让他免于承受母亲的怒火。她会偷偷在夜里用暖风机帮尿床的弟弟烘干被单，为的是不让他受到羞辱、惩罚等不公平对待。尿床证明年幼的尼克正在承受心理上的痛苦，治疗师在这个地方要弄清楚的是，这种痛苦达到了哪种程度。尼克说自己每晚蹲在楼梯上等父亲下班回家，然后听到母亲讲述他一天中的种种不端行为，那个时候尼克内心感受到的痛苦可能转化成了晚上"尿床"的生理表现。当他无助地坐在那儿，偷偷躲开父母的视线时，完全没有能力为自己辩护。现在回首往事的时候，他意识到，这些经历中让他感到最痛苦的是自己受到了不公正的指控。当时我对尼克做出的解释是，他之所以对生活中受到的一点点轻视怠慢都耿耿于怀，也许幼年的这些经历就是潜藏于无意识中的根本原因。诚然，你可能会想到，对个人受到的轻视耿耿于怀是自恋型人格障碍的特征之一，我也考虑过这一点。的确，尼克在性格上确实有一些自恋，但我认为他并没有自恋型人格障碍。不过，说到这里大家可能会想到科胡特关于"自恋"的看法，他认为自恋是那些遭受了发展缺陷的人自然而然会经历的一个阶段，并没有与之相关的负面内涵。而这正是我们作为治疗师要去处理的东西，使这样的个体可以走出这一自然发展阶段，继续前进。

我承认尼克还有一个颇具自恋色彩的特点。在第二阶段的治疗中，尼克意识到自己有一种很容易"自我膨胀"的倾向，但这种相当于"浮夸"的良好自我感觉总是会转瞬即逝。我认为，如果一个人表面上看起来很自信、拥有良好的公众形象，而在另一个层面上却对自己感到极不自信，那他无法逃避以上结果。治疗工作的核心意义就在于让尼克获得一种可持续的自我价值感，而且无论在什么情况下，这种自我价值感都要与他同在。那种"自我膨胀"感之所以无法持续，是因为他本身是一个缺乏自尊和自信的人，却从二十多岁开始发展出一种"虚假自体"，假装自己是一个自信满满勇于接受人生任何挑战的人。实际上，他在自己的工作领域已成为一名资深专业人士，拥有一家高效运转的公司并领导有方，在事业上已经是十分成功了。不仅如此，他还经常受邀举办讲座，就有关领导力及其他人力资源方面的主题分享经验，成为越来越受欢迎的演讲家。这些都非常有助于提高他的自尊水平，他自己也觉得收获颇丰，但可惜的是，所有这些都不足以完全抚平依恋对象在童年给他造成的伤害。

我认为这种"自我膨胀"并不是证明他的自恋，而是证明了这个人在非常努力地向世界展示自己的能力，似乎一切尽在掌握，万事手到擒来。他确实很勇敢，也取得了很大的成功，但只有和我在一起时，他才能将内心的沉沦感诉之于口，告诉我他感觉自己正在坠向一个万丈深渊——不断向下坠落，不知何处是尽头。他谈到了一种感觉，仿佛正"穿着一件开司米大衣走在大街上，却惊恐地发现大衣底下的自己不着寸缕，一旦脱去外衣，每个人都会看到我正赤身裸体"。我们还创造了一种"私用语"来专门指代这种感觉。他觉得自己总是不能理直气壮地捍卫自己，尤其是在个人关系方面。

在尼克小的时候，他的父亲为了赚钱养家非常辛苦，母亲则是个家庭主妇。尼克一直很崇拜父亲，不幸的是，他的父亲几年前去世了。他渴望得到父亲的爱，在治疗的最初几年里，他常常痛苦地说，小时候父亲从来没有去看过他踢球。用科胡特的话说，尼克想看到父亲眼中闪现的光芒。虽然尼克前来治疗时已经快 40 岁了，却依然对母亲曾经取笑他是"筷子腿"而难过不已，如果他的父亲曾为儿子的运动才能感到自豪，也许能抚平这种取笑带给他的伤痛。事实上，尼克又高又帅，非常引人注目，即使人到中年，依然能轻而易举地吸引女性的注意。不过他谦虚地说，他年轻的时候就是个看起来毫无吸引力的年轻人。他是一个矛盾的混合体，时而自信得过度膨胀，时而又像一只因屡遭打击而受伤的小动物，给人一种天真、质朴的感觉。在反移情的过程中，我发现自己身为母亲的那部分被他深深地吸引，想要去安抚他、保护他。

我在前面表示过，在治疗的最初几年，尼克表现出一种不安全 - 矛盾型依恋模式。从幼年开始尼克就发现，要赢得母亲的爱是一件很困难的事。在知道不能指望母亲的关心和照顾的情况下，他形成了一种我称之为"如果我这样做……她就会爱我"的模式。当然，"这样做""那样做"的清单永无止境。如果一个人不幸陷入了这种模式，他最应该做的就是毫不犹豫地放弃希望。正如海恩斯（Haynes）在关于哈利的案例报告中说的那样，尼克需要的是"亲情切除术"（parentectomy）。幸运的是，通过 8 年不懈努力的治疗，尼克最终认识到，虽然他渴望赢得母亲对他能力的认可，但这可能永远无法实现。现在他已经收回了对母亲的情感投注，"亲情切除术"已成功完成。他一直和母亲保持着良好的关系，定期去看望她，但并不期望从她那里得到情感上的满足。她现在是个寡妇，独自生活。

当尼克刚开始接受治疗时，他对父亲的依恋模式同样是不安全 - 矛盾型。他渴望得到父亲的重视和喜爱。尼克担心自己离开第一任妻子是犯了一个永远不会被父亲原谅的错误。尼克的父亲在 3 岁时遭遇父母离异，从那以后就失去了与母亲的一切联系。尼克觉得，父亲肯定以为尼克是在复制他年轻时所受的伤，并担心尼克会抛弃自己的儿子。但事实证明并非如此。尼克已经用行动向父亲证明，虽然他不再和孩子们的母亲生活在一起，但依旧对两个孩子投入了大量的时间和精力，和前妻一起陪伴孩子们成长，最重要的是，他一直在努力不让孩子们成为父母操控对方的棋子。尼克让父亲清楚地看到了他在时间、精力、思想和经济上对孩子们的投入，希望父亲能因此对他这个儿子感到自豪。尼克还让父亲与孩子们一起参加活动，如带孩子们去看他们最喜欢的足球队在当地举行的比赛。在父亲去世之前，他们的父子关系非常稳定，双方都很满意。因此，当听到尼克说他能够平静地接受父亲的死亡且没有陷入异常的悲伤时，我并不感到惊讶。

青年时期，尼克认识了一位地位比他高得多的女性，并和她结了婚。她的职位很高，还是一位慈善家，在公众眼中风评颇佳。年轻的时候，他觉得自己根本配不上人家。他一开始是被她深深地吸引了，认为她是一个坚强、有主见的女人，并心甘情愿接受她的控制，可能是因为在她身上看到了一些他渴望拥有的品质，希望从她那里学到这些。随着两人关系的发展，他在自己选择的职业领域越来越成功，于是开始希望两人的关系能更平等一些。后来他发现要实现这一点很难，但还是勉强维持着这段关系。然而就在此时，他的妻子做了一件令他无法容忍的事，她与一位同事发生了婚外情，而且在尼克质问此事时态度傲慢恶劣。虽然尼克许下了一生一世的婚姻诺言，但妻子的婚外情为他提供了摆脱婚姻的理由。他的妻子最初提议由他来照顾孩子，她离开独自生活，这个方案对尼克来说正中下怀。不过最后他们还是决定以分居的形式共同抚养两个孩子。尼克是一个细心、慈爱的父亲，他花了很多时间来照顾孩子，直到他们长大成人。现在已成年的孩子显然很尊重他们的父亲，很乐意和他待在一起，不时会向他寻求指导和建议，其实主要是想多点时间陪陪他。有意思的是，他的小儿子最近说，他很高兴父母在他小时候就分开了。这更让我相信，那些父母离异的孩子其实宁愿让父母分居，也不愿看他们勉强凑合在一起让所有人都如同置身炮火纷飞的战场。

## 治疗中凸显的关系模式

随着治疗的推进，我逐渐发现，在尼克的生命中，他与所有女性的关系都存在一种显而易见的模式。在刚开始接受治疗的时候，尼克在生意上有一位女性合伙人。她同样是一个强势、强大的女家长式人物。在接下来的 10 年里，他们之间展开了一场激烈的权力斗争。他从一开始欣赏和喜欢她的强势，到渐渐不喜欢，再到谴责她的盛气凌人，并最终恨之入骨。我从以上两段关系和其他关系中发现了一种模式：每次他都会选择与强势、有主导权的女性建立关系，但随后他又开始憎恨这种力量上的不平等，并试图赢得控制权，于是一场争斗就爆发了。每一次他都很难保持冷静而深思熟虑的行为举止，在对峙中找不到合适的言语来捍卫自己的立场。他无法清楚地说出他想要改变什么，让他愤怒的原因又是什么，只能陷入沉默的苦苦思索中，或者做出一些象征着愤怒的行为。例如，他会故意不把毛巾叠好放在浴室的毛巾架上，或者故意不把脏衣服放进脏衣篮里，而是乱扔在地板上。尼克很清楚这些看似微不足道的挑衅行为背后的象征意义，但他对自己这些徒劳的回应感到愤怒和沮丧。他希望能以一种更冷静、更有意义且能显示出他真正"强大"的方式来表达他的挫败感和愤怒感。这些例子体现了他的心理异常的本质：在冲动之下挺身而出，在几个小时甚至几天内拥有短暂的力量感，但随后就会像被扎破的气球一样泄了气，开始痛恨自己的渺小和微不足道，陷入对自己深深的失望之中。

事实上，当他两年前再次出现在我面前时，像上面描述的这种小事（通过乱扔脏衣服来发泄挫败感）就是当时困扰着他的整体问题的一个典型例子，它浓缩了他时不时认为自己极度渺小、微不足道的心灰意冷感。这与他给自己设定的形象是矛盾的，在那个设定中，他是一个坚不可摧、充满自信的重要人物，如身为演讲家的尼克，在公众面前侃侃而谈，赢得阵阵掌声。这也是他身上非常重要的一部分，我不希望看到它被削弱。

下面让我们花点时间来了解一些理论，这些理论可能有助于解释清楚尼克正面对的问题，以及消除他的心理异常需要做哪些工作。科胡特擅长治疗那些有自恋问题的来访者。但他指出，自恋并不是什么值得羞愧的问题，它是个体发展阶段中一个自然的组成部分。那些遭遇发展缺陷的人很可能被困在自恋阶段，因为他们的自恋被剥夺了自然发展的机会，导致他们无法进入下一个阶段。自恋在西方社会被认为是贬义的，因为主流价值观推崇无私的品行。科胡特提出的观点是，自恋的"治愈"不是通过解释得到的，而是通过"自体客体移情"。当然，我已经在本书第三部分中提到了这一点，但我想在这里对科胡特的观点做一个大致的概括。在其著作《自体的重建》中，科胡特将这些移情重新命名为"自体客体移情和反移情"。他之所以称之为"自体客体移情"，是因为这些人与他们的客体形成了独特的关系，客体不是独立的个体，而是他们自身延伸出去的一部分，为满足投射到他们身上的要求和期望而存在。

"自体客体移情"有三种类型："镜像移情""理想化移情"和"另我移情"。我认为尼克已经迫不及待地在不同时间把这三种移情都体验过了。科胡特认为，治愈不是通过获得领悟实现的，而是通过在成熟的成人层面上，在自体和"自体客体"之间建立起"共情性调谐"实现的。精神分析治疗的精髓就是让个体逐渐获得与成熟自体客体的共情性接触。

科胡特接着指出，当来访者初次体验到与治疗师之间的"镜像移情"和"另我移情"时，当他们平生第一次体验到与某人完全"调谐"而产生的快乐和治愈的力量时，"治愈"就在他们身上发生了。以尼克为例，因为他和母亲之间没有令人满意的关系，所以他从来没得到过这种他渴望的体验。

在与作为治疗师的我体验到这种"调谐"之后，尼克以后应该可以在社交环境下，在他外部的人际关系中复制这种关系模式——也许是在他的核心关系中，或者是在其他能产生这种"共情性调谐"的朋友关系中。

我现在意识到，在 1999 年到 2007 年这段时间里，我一直认为只要坚持给尼克足够的机会让他完成下面两件事，他就会康复：

1. 从我的解释中获得领悟；

2. 在治疗关系中将我视为"安全基地"。

现在，我对如何帮助来访者体验到"安全基地"有了更深刻的理解。心理治疗要如何才能帮助人们在生活中实现真正的改变呢？对这个问题我想了很多。像尼克这样的来访者在童年就受到了严重的伤害，实际上他们需要的是体验一种抚慰和疗愈的力量，即在情感上与另一个爱他们的人同频共振。只有这样，才能弥补早年的缺失，学会用全新的方式对待生活。用科胡特流派的语言来说，来访者是通过"另我移情"和"镜像移情"的治愈力来习得这一点的。科胡特说得很好，来访者可以将他在咨询室学到的知识应用到日常生活中去，并在他的外部世界中找到替代治疗师的资源（能替代治疗师成为可靠"安全基地"的人）。正如史托罗楼和他的同事们强调的那样，要保证治疗在"合作"的氛围中进行，并一起"共建"来访者的人生叙事。我认为，要想让来访者真正康复，使其获得"自传能力"是不可缺少的一部分。

如果我们从来访者的防御结构这个角度看，罗森菲尔德（Rosenfeld）曾说过，心理失常的来访者内心通常有一个"古鲁"（精神导师）和一台"宣传机器"（propaganda machine）的心理意象。作为治疗师，我代表着尼克的"古鲁"。我要充当一个明智的长者，"培养"他的自我价值感，同时也要负责不让"宣传机器"捣乱。相反，"宣传机器"曾告诉他，要像黑爵士一样"装傻"，要表现得离谱，要让人反感，要像台上的喜剧演员那样让过道上的某个观众捧腹大笑。他曾经时不时这样做（如在婚礼上装傻），但往往会在一夜之后，在清晨清冽的阳光下，隐约感到难堪，然后如同被一棍子敲醒。他会短暂地因自己的行为而自信满满，但第二天，那种自以为是的感觉就会消失殆尽，如同被大头针戳破的气球一样。然后，他会在悔

191

恨中带着内心的冲突前来接受治疗。这种内心冲突在他每一次开场白中展露无遗。一开始他会告诉我自己这段时间过得不错，接下来讲的却是一种明显与之相矛盾的经历。很快，他隐藏的真实感受就暴露了。这里就要用到罗森菲尔德提出的第三个心理意象"黑帮"（the gang）了，这个"黑帮"是来访者内部所有的小小的心声，它们会吵着让来访者维持现状，而不希望他付出哪怕一丝代价去实现改变。

我的"古鲁"自体一直在与尼克的"宣传机器"和"黑帮"作战。可以很高兴地说，由于我的毅力，我几乎已经赢得了这场战争。这是一场消耗战，一场不断在重复"另我移情"和"自体客体移情"的战争。简而言之，尼克希望有个人爱那个真实的他，希望有个人和他一样，希望可以彼此坦诚相待，不隐瞒任何缺点。他希望我们是同一类人——都算得上是成功人士，尽管选择了不同的职业。我现在知道几年前他提议和我一起参加活动其实就是"镜像移情"和"自体客体移情"的一部分——他希望我们的关系是携手共进和互相扶持的。以类似的角度，近年来我还对 2000 年尼克寄给我的一张卡片进行了一番分析。他在那张卡片上附上了一首自己写的诗，表达了对我们这段"友谊"（在他看来如此）的欣赏。这首诗以我们的关系为出发点，详述了我们所分享的一切，并强调我是他生命中永恒的存在。我认为从这首诗中可以清楚地看到尼克当时体验到的"另我移情""镜像移情"和"自体客体移情"。

有一本刚出版的心理治疗方面的书让我很感兴趣，书名是《一种特殊类型的友谊》（A Special Type of Friendship）。几年前，我非常担心会不慎"泄露"对来访者的感情，是的，温暖、共情、理解固然很好，但我当时认为，治疗师需要在治疗中保持客观和抽离。我现在已经可以大方地和来访者沟通真实感受了，因为我觉得，让来访者"知道"你爱他和让他"相信"你爱他之间有着微妙的区别。我受到的精神分析训练要求治疗师保持客观并把自己当作一块"空白屏幕"，曾经我也不断提醒自己这样做，但后来发现这些都是作茧自缚。我现在觉得，应该告诉尼克我真的关心他，他真的对我很重要，他是我的人生故事中不可分割的一部分，因为这是治疗中不可分割的一部分。

我曾一度认为，"镜像移情"和"自体客体移情"可能会导致"二联性精神病"那样的病态感应。但现在我已经超越了那种想法，因为我看到了移情作用的真正价值所在，也意识到有经验的治疗师在欣然接受"镜像移情"和"另我移情"的同时，也可以在必要时怀着爱和善意去挑战和面质来访者。正是因为有了这些情感和经验，治疗师才能在巧妙而真诚地说出那些不好听的话时，依然让来访者感受到治疗师的爱与支持。

## 治疗的最新进展

在治疗的前八年里，我发现在生活中与尼克产生深度感情纠葛的"重要他人"不少，而且每一个都是事业有成的女强人。在建立关系之初，尼克对每一个女人都充满赞赏，并为她们的成功和个人力量所吸引。但随着他与她们的关系越来越亲密，她们的魅力在他眼中便逐渐消失了，他开始谴责她们并加入与她们争夺权力的行列。这样的"战争"总是让他感到力不从心，他从来没有成功过，因此他觉得自己软弱无力，或者用他的话说，觉得自己如此"渺小"。

在 2016 年年中（此时第二阶段的治疗已持续两年），尼克再次对他在职场中发展出的一段关系感到不满。不过，这一次我看到了他和从前的巨大不同。在这之前，尼克对我产生了"理想化双亲影像"。在那个阶段的他眼中，我是"一个完美的人，如同站在基座上的伟人"，一个"知道所有答案"的人。在他看来，我就是"专家"。他告诉我，他常常在我面前感到

"自卑"。这对原本就缺乏自我价值感的他而言如同雪上加霜，因为它不但没有支撑起他摇摇欲坠的自尊，还用一颗子弹把他那脆弱的自体意识击得粉碎，转眼间化为灰烬。

作为一名治疗师，这一次我被深深地打动了。我看到了他对"镜像移情"和"另我移情"的需要。我不再坚持认为应该在治疗中采用传统精神分析中常见的"空白屏幕"法。于是我用了很多方法让他知道我是有缺陷的，和他一样，和每个普通人一样（这是人类的真实状态）。正如他所言，他很高兴我"只是一个小女孩""就像（他）只是个小男孩"。也就是说，在他眼里，我终于是个"普通人"了。所以他现在很享受"镜像移情"和"另我移情"带来的治疗效果，因为他在我带着爱意的眼睛里看到了他自己。如今的我也算是一名经验丰富的治疗师了，我不认为来访者在对治疗师本人没有深入全面的了解之前，就愿意和这个治疗师进入长程治疗，与她共度那么多治疗时光。他们可能不知道我们具体的个人信息，诸如是否结婚、有多少钱等，但他们完全知道我们"本质上"是谁。尼克知道我和他一样，要在生活中面对诸多烦恼，也远远谈不上完美。有了这样的认识，他就能够接受我们都有弱点而他也不例外这一事实，并开始对自己人格中的优势产生真正的信心。他再也不用被迫躲在小丑的面具后面了。他现在确实很坚强，所以当最近在生活中与人发生冲突时，他的感受和以往完全不同。

他现在能够以一种与以往截然不同的方式处理这样的冲突了。我们正在一起冷静地讨论要怎样才能让他再次对生活感到满足。他正在有条不紊地执行我们商定好的计划，做这一切的时候他的心情很平静，没有任何怨恨与恶意，也没有报复的欲望。他不过是想要一份公平，想给自己一条新的前进道路而已。他再也不会经历那种先是控制不住大发雷霆，紧接着又被羞愧包围的感觉了。他开始在治疗师身上看到自己的影子：有弱点、有同理心、温暖、热情，同时又坚强、大度、能承受任何攻击。霍姆斯曾说过，治疗师要像"大师"那样，能承受任何攻击。尼克现在开始意识到，尽管他有缺点，但也可以很坚强——真正的坚强。他已经找到了原谅自己的方法。

在尼克身上存在一种强迫性重复，这种症状的根源可以追溯到母亲添油加醋编造小儿子的劣迹向父亲告状的时候。当时他站在楼梯上，眼睁睁地看着，不甘心地听着，却无力阻止。你可能会说，他当时应该离开他的藏身之处，走下楼梯去和母亲对质。这显然是一种局外人的言论，别忘了，他当时只是一个手无缚鸡之力的幼儿，需要母亲来保障他的生存。事实上，他当时别无选择，不过，他现在可以选择了。

强迫性重复的问题必须解决，否则他就会在一段又一段关系中重复相同的模式。解决方法就是增加他的自尊感，让尼克不再感到"膨胀"，不再体验到那种"大而空"的不安全感，取而代之的是一种彻头彻尾的幸福感，以此来打破强迫性重复的怪圈。这是通过科胡特所说的"镜像移情"和"另我移情"来实现的。

在尼克对自我价值有了信心后，我打算帮助他培养霍姆斯所说的"自传能力"，进一步完善治疗效果。不过我们将一起来构建这个框架。赫德（Heard）和莱克（Lake）认为，这需要咨访双方在"友好互动"的氛围中进行。我们将共同完成从 1998 年就开始的长程治疗，共同构建他的人生叙事，在这个叙事中把所有相关事件都囊括进来——沧桑变迁，悲欢离合，抚今追昔，即便那些他可能有意识选择忘记的部分也不会放过。这将是一个翔实可信、不受过往情绪干扰的人生叙事。

## 尼克对治疗过程的叙述

本章的第二部分是"尼克"的自述。

找到罗娜的时候，我 38 岁，正在办理离婚，有两个年幼的儿子（3 岁和 9 岁），有一项必须经营下去的生意，还有一个即将成为前妻的女人，她和她的家人正拼命地在经济上压榨我。我害怕他们会夺走我的生计，而这是唯一能让我认同自己的东西。而更糟糕的是，他们一心要在心理上和精神上把我钉死在十字架上。

我当时感到犹如万箭穿心，觉得自己在他们强大的力量面前毫无还手之力。让我痛苦的是，我不能再和孩子们住在一起了。在那样的危急时刻，我给孩子们写了一首至今仍会让我泣不成声的诗。

**致我亲爱的孩子们**

我想念你们

想念那些焦急等待你们降临的日子

它们像水一样，匆匆流走了

将来有一天，你们是否能理解我的选择

原谅我只能如此

不为你们，只为我自己

对你们的爱永远不会消失

爸爸只是深深地感到疲惫

像在一片松软的流沙里穿行

步履蹒跚，虚弱无力

怎忍心让你们伤心哭泣

但我清楚地知道

如果妥协屈服，将再无立足之地

我的婚姻并不幸福。我受够了我的妻子（她也受够了我）。但我曾真心想"维持现状"。走进婚姻的时候，我完全没想过将来一旦有什么风吹草动就离婚。而且，我的祖母在1938年离开了我的父亲和他的妹妹，这种抛弃孩子的行为在当时闻所未闻，我的父亲因此受到了深深的伤害。正因如此，我才有幸一直在这个我深爱的男人的呵护下长大，他之所以决定和我妈妈在一起，就是为了给家人最好的生活。因为曾经生活在被母亲抛弃的阴影之下，所以他发誓不让姐姐和我承受同样的"耻辱"。正是因为这样的经历，我在心里"知道"，当婚姻面临风险的时候，我将不得不"逆来顺受、忍气吞声"。我的妻子也知道这一点，所以她有恃无恐，认为自己可以为所欲为。

可她后来告诉我她有了外遇！我并没感到被背叛的苦恼，相反，她的宣告让我如释重负。我把这视为可以结束这段婚姻的绿灯，下定决心绝不错过这个机会。这完全不是她期待或欣赏的反应！一开始她的打算是搬出去，把孩子们留给我，同时留给我的还有住在附近老年公寓的岳母。我认为这是一个完美的解决方案！

然后她和一位律师谈了谈。律师建议她留在这栋房子里，如果我不乐意就让我"滚出去"。我被"将军"了！我最后一次考虑投降，但又觉得这是对灵魂的最大背叛！我选择了离开——如果你可以称之为"选择"的话。然后开始了对我而言人生最具挑战性的时刻。有一段时间，我觉得自己就快要下地狱了，然后又回来了。这样的经历对我来说是一场极致的考验，但我咬牙坚持了下来，最后的结果证明它是完全值得的。我从这段经历中学到了很多。

打个比方吧，这就好像我正在驾驶着一辆车，燃油指示灯已经亮了很久，仪表盘告诉我油箱里已经没有油了。大概我一直是在用备用油箱跑路吧，直到地平线上出现了一个加油站——或者更确切地说，是罗娜，我的心理治疗师，走进了我的生活。我们有一个共同的朋友，也是一名心理治疗师，是他给了我罗娜的电话号码。于是我忐忑不安地打了个电话。这听起来很戏剧化吧？确实如此。

我觉得我一定是疯了。我是我们家第一个需要心理治疗师的人！我不能告诉任何人。我想我会对此守口如瓶，躺在咨询室的躺椅上，接受治疗带来的各种束缚，咬着牙熬过来。

现在我才知道当时的想法错得有多离谱。这可是我这辈子做过的最好的事情了！刚开始的时候我发现，当你能够把所有想法"倾倒"给一个没有任何私心的人时，那种感觉太轻松了。和朋友聊天（或抱怨）固然很好，但也有不好的一面，我想到的有以下三点。

1. 他们会觉得必须站在你这一边。

2. 当他们对你的对手提出看法时，结果却发现你还要和对方再来一次！那太尴尬了！

3. 你会变成一个"麻烦"。你会在他们脸上看到"请换一张唱片"的表情。

与此相反，罗娜就不会偏袒任何一方，而且她还会让我知道：

- 我完全可以有这样的感受；
- 我有这种感受并不奇怪，这是正常的反应；
- 我没有疯；
- 当我向她描述自己在不同时间的感受时，每种感受都有了一个名字；她说出了这种感受是什么，这意味着我有证据证明这种感受是合理的！其他人也有这样的感受！

第一次治疗结束后，我就感觉好受多了。我看到了希望，仿佛在万丈之巅找到了一个支撑点，不用再无休止地向悬崖下滑落了。

那种感觉就像是终于抱住了一根深深扎进地里的木桩。我不再孤立无援了。

在罗娜成为我的心理治疗师之前，我已经开始感到极度无助、孤独和困惑。最糟糕的是，我总是错误的那一方。不是和客户或朋友，也不是和两个儿子，而是和我妻子在一起的时候，错的那个人永远都是我！如果我敢站出来为自己辩护，那么毫无疑问会以争吵收场。仿佛我在努力想越过一个站在楼梯上的人——那个人站在比我高两三个台阶的地方，挡住我的去路，无论如何都不让我过去。

躺在她旁边的时候，我常常觉得自己很渺小。那张床在我的想象中变得巨大无比，让我感到很无助。我感觉自己身量细小，声如蚊蚋，就像《格列佛游记》（*Gulliver's Travels*）中的小人儿一样，无助地面对着一股足以在情感上将我碾为齑粉的强大力量。

但和罗娜在一起的时候，我知道自己可以畅所欲言地讨论自己的感受。我觉得这简直让人如释重负。有些感觉我们通常不会选择与朋友或家人分享，尽管我们非常信任他们。以我为例，我一直和姐姐很亲近，但我永远不会告诉她，现在困扰着我的感觉就是我成长过程中体会到的那种感受，它们又回来了。同样，我也不会告诉我的男性朋友那些似乎很柔软、不太有男子气概的感觉。

还是和罗娜在一起时我才能畅所欲言，如实相告，不管我有什么样的感受，她都能接纳。能够将自己的感受说出来，这本身就是一种释放——我已经憋得太久了。有些感受会不假思索、争先恐后且毫无保留地涌现出来，伴随着眼泪，真正的眼泪。让我流泪的既有当下的感受，也有过往的——很多年前，这种感受初次出现的时候。治疗初期总是伴随着很多泪水——好吧，其实自始至终都是。为了彻底清理自己，有些东西必须讲出来。哭泣不算什么，这是完全可以理解的。

我们一起回溯我的童年，那时我常常在熄灯之后坐在楼梯顶端，听母亲对下班回家的父亲唠叨这一天我有多顽劣。她讲述的版本基本上只代表了她个人的看法，完全和真相无关。但那个时候我不得不默默地坐在那里，承受这一切，因为我不应该偷听别人说话，如果被发现就会有麻烦。而且，重点是，这会让母亲不高兴，父亲总是说我们绝对不能让她不高兴！

所以，在某种程度上，我认为自己没有告诉姐姐我的感受是对的，因为她和我的感受不一样。当我还在楼梯口的时候，她已经被塞到床上去了。不管怎么说，她从来没有做错什么事，也从来没有成为别人谈论的话题。

现在罗娜变成了"站在楼梯顶端的朋友"。她耐心地倾听了我所有的想法，告诉我，年幼时发生的一切让我感到受伤是正常的，因为当时发生的事情导致我现在不太喜欢母亲也是正常的。

特别值得一提的是，我还可以和罗娜讨论母亲对我两条瘦腿的取笑，以及这种取笑造成的后果。我一直都对自己的双腿感到别扭，25 岁的时候我仍然穿着运动裤打网球或踢足球，即使是在盛夏。我不允许任何人看到我的腿！

那么，心理治疗对我有什么帮助呢？

- 它让我在情感上有了依靠。
- 它让我看到了希望，希望自己不是孤立无援的；它还给了我信心，让我相信自己有时候是对的。
- 带着这样的信心，我发自内心地感到自信：其实我现在很不错，以后也会很不错。
- 我感觉正在攻读博士学位，专业是"自己"及如何应付那些在生活中控制我的人。
- 我们开始针对他们会说什么、会有什么反应制定先发制人的策略。
- 我把"遥控器"拿到了手里。而最妙的是，他们根本不知道我现在得到了什么盔甲。

- 他们用来控制我的每一种方法都突然失效了。这太让人激动了！

- 所以我的母亲、前妻、前合伙人再也不能控制我了。我的人生在我的掌控之中。据我所知，如果你事先就知道会发生什么，那么对方计划好的伏击就会落空。

我想用一个比喻来概括治疗对我的影响。

在橄榄球比赛中，北方球员的比赛规则与南方球员不同。虽然两个团体都称它为橄榄球，但两者间其实有一些细微的区别。

我曾经认为，场上的每个人都遵守同样的规则，但不知为什么，我永远都赢不了。然后有人（罗娜）指出了规则的不同之处，于是一切都不同了！在这场"生命游戏"中，我逐渐有了进步，然后开始赢得"游戏"！对手不明白为什么再也赢不了我——他们不知道我已经掌握了新知识，知道该遵守什么规则。现在我知道了游戏规则，生活也变得轻松多了。

写这篇文章让我想起了我是多么喜欢罗娜。

第 14 章

# 艾玛：红尘中摇曳的女人花

初见艾玛已经是 17 年前的事情了，当时她还不到 30 岁。我已经习惯了每次在一位新的来访者开口说话之前在脑海中先对他形成一个"快照"，然后把这个意象保留下来。我经常发现，这个最初意象与来访者在随后的治疗过程中试图以"虚假自体"呈现的自己形成鲜明的对比。这两个形象之间的差异使我能够做出非常有洞察力也很有帮助的解释，常常能够准确地指出这个来访者的病理核心。

我脑海中对艾玛的"快照"显示，她是一个迷失的小女孩，沉默寡言，茫然无措地行走在这个大千世界里，很希望有人来指引她。后来的了解证明这种印象非常准确。

在我们开始治疗后，治疗过程中出现的移情和反移情肯定立即引起了一个谐振和弦，因为艾玛很久以后向我透露，她在很长一段时间内都认为我是一个"玛丽·波平斯式的人物"。于是我冒着一定的风险（因为当她不准备讨论某个话题时就会直截了当地拒绝）问她，这个人物对她有什么意义，她解释说，自己这样想的原因有两个。首先，她觉得我"很时髦"，因为我不讲当地的方言，咬文嚼字谈吐不凡，还把自己描述为"心理动力学取向"的治疗师（当时她显然不明白我的意思）。以上的解释带有轻微的负性暗示，但也带着敬畏的语气。其次，与上面略带负性的暗示相反，她说她相信我身上属于"玛丽·波平斯"的那一面会把她从头到脚打理清爽，会在治疗中威风凛凛、干净利落地搞定一切。我想，她可能以为我会像电影《欢乐在人间》（Mary Poppins）里那个魔法保姆玛丽·波平斯那样，能呼风唤雨、法力无边。

所以，即使在该个案的早期治疗阶段，我就已经清楚地看到，来访者对我既有负性移情，也有正性移情。有一段时间，她的负性移情占据了上风——简而言之，她不喜欢我，正如她不喜欢当时的生活一样。她会因为各种原因指责我，如做出了错误的解释、穿了一条"乏味的裤子"等，就连让垂死的花朵留在咨询室里也会被她诟病。我对此的解释是，她在内心认为，如果我不能很好地照看这些花，就不能相信我能勤勉地照顾她。那个阶段的她在心里把自己等同于这些花了，认为花就是她，她就是花，两者受到的对待将会是一样的。

在她接受治疗的第四年的圣诞节前不久，因为要做一个手术，我被迫中断了对她的治疗，导致她的负能量达到了顶峰。现在回想起来，我坦然承认自己对那件事的处理的确有不当之处。当时我正在接受精神分析训练，所以严格遵守了别人灌输给我的原则，对不能继续出现在咨询室的原因只提供了极少的细节。我现在意识到，对艾玛这样的来访者来说，这显然是一种极不合适的做法，因为她当时有依恋性神经症，治疗中断让艾玛的焦虑上升到了一个新高度。事实上，她非常担心我永远都不会回到她身边了，担心是她的问题太严重所以我不愿接手治疗了。但作为一个有着不安全 - 回避型依恋模式的人,她因过于恐惧而无法直接向我说出她的恐惧。不但如此,她还对我说了一句似乎是脱口而出的挖苦话,说她估摸着我会得癌症,然后死翘翘。而我当时正纠结于自己的恐惧中,对第二天就要进行的手术感到害怕,因为那是我平生第一次做全麻手术。她的话让我震惊得目瞪口呆,我甚至觉得是不是应该离她远远的,不要再试图在情感上与她保持同步并理解她的痛苦了。那天我们不欢而散。

让我感到遗憾的是,当时我的表现可能让她觉得是在威胁要抛弃她,就像过去她母亲总会做的那样(对此我很快会加以解释)。所以我很担心,可能我已经在不经意间因言行不当而给她造成了二次伤害,因为我当时没有理解到她的痛苦程度,也没意识到她其实是在用粗鲁无礼的方式来掩饰内心的恐惧。我现在认识到,当时更恰当的做法应该是具体、详细地告诉她,我要去接受一项手术,并向她保证我患的不是绝症。

一眨眼圣诞节就到了,很快又过去了。我休息了三个星期才从胆囊切除手术中恢复过来。在那段养病的日子里,我仔细琢磨了艾玛和我之间的互动,并对整件事进行了深入的思考。我记得她的原生家庭中共有 5 个孩子,她记忆中的家总是混乱吵闹的。那时候她住在市区,离现在居住的城镇有相当远的一段距离。抚养 5 个孩子显然让艾玛的母亲感到很吃力,尤其是在带他们去市里时,孩子们一路吵吵闹闹让母亲非常生气。有很多次,母亲拿出一些钱交给年纪较大的孩子,让他们打电话给社会服务机构,说她希望这些机构立刻把孩子们带走。首先,这是一种非常残忍的威胁——我不要你们了,同时也是在告诉孩子们,母亲的爱是有条件的,"你乖我才爱你"。其次,这样的经历让我的来访者觉得,作为年纪较小的孩子,她完全掌控不了自己的命运,因为母亲从来没有把钱给过她,每次都是给了哥哥姐姐们。她怎么也忘不了因母亲的行为而导致的无力感,从那以后(直到最近），那种无法掌控自我人生的感觉一直深深地困扰着她。

艾玛之所以会在年将而立的时候出现在我面前，母亲当年的恶劣行为是罪魁祸首，正是因为她不断威胁要遗弃孩子，在情感上排斥孩子，再加上其他一些创伤事件，导致艾玛的发展受到了阻碍。在心理上，她只是一个年幼的孩子（正如我的"快照"所显示的那样），在人海中随波逐流，对他人完全没有信任感。她不愿意再对任何一个活着的灵魂产生依恋，以免再次被残酷地抛弃。在我看来，她显然形成了一种不安全-回避型依恋模式。难怪在得知我要暂时离开的消息时，她会破罐破摔地说出希望我得癌症死掉这样的话。我现在明白，她其实是在担心我不会再回到她身边，因为对她来说，好不容易找到一个治疗师，一个有望来关心她、照料她的"玛丽·波平斯式的人物"，而这个人却有可能会死去，再次丢下她一个人，这样的结果简直是她迄今为止的人生中最典型的遭遇。

在新的一年里，我们又见面了，她明显松了一口气，因为我仍然是她生活的一部分。我们和解了。从那时起，在咨询室里占主导地位的负性移情开始微妙地消退，艾玛开始对我有了好感。她说从一开始她就绝望地黏着我，但我觉得这也是因为她直觉地感到，我有能力以她母亲从未有过的方式来包容她。

## 治疗前 10 年出现的问题

前面我谈到的是艾玛和我之间的移情关系，并不是我们一起工作的前10 年里的治疗内容。尽管前 4 年的治疗基本上被负性移情所主导，但奇怪的是，我从来没有感到治疗关系有被终止的危险。我从没想过艾玛会中途退出。有几件事她从来没有表示要做，其中之一就是停止治疗，而且她没有错过任何一次治疗，尽管当时她每次来咨询室之前都得绞尽脑汁才能把孩子安排好。

我的直觉告诉我，她只是一个小孩子，事实证明我的直觉是正确的，因为在最初几年的治疗中，艾玛经常就如何照顾两个年幼孩子的问题向我寻求帮助。我认为这是因为她没有一个榜样来告诉她如何做母亲。当我这么说的时候，我指的是在情感方面如何做母亲，在处理养育孩子的实际问题时她是绝对称职的。我逐渐了解到，艾玛的母亲对孩子们的情感需求根本就没有概念，她所做的一切实际上违背了为人母亲的常理，所以，随着艾玛相继走过童年和青春期，她的焦虑非但没有因为成长而减轻，反而越来越严重了。

例如，在有一年的假期，那时候艾玛还是一个天真无邪的 11 岁孩子，她毫无戒心地去一位男性邻居家串门，母亲为此大发雷霆，让她以为自己犯下了什么应当受到严惩的可怕罪行。母亲大概以为还在发育期的女儿已经成了性侵暴行的受害者，但她又不愿意承认内心因没有保护好女儿而产生的愧疚感，所以就把这种愧疚感投射到女儿身上。这只是众多例子中的一个，说明她的母亲永远无法控制自己的焦虑，总是通过"投射性认同"过程将这些焦虑投射到艾玛身上。然后艾玛会把母亲投射过来的东西照单全收，认同这些感觉，并相信它们完全是出于自身的感受。因此，当艾玛第一次告诉我这件事的时候，她很肯定地认为，自己可能真的在无意中卷入了儿童性侵事件，虽然在她的意识层面并没有关于此事的任何记忆。她还记得那座房子和房间里的家具、地毯、坐垫，也几乎可以肯定什么也没有发生。尽管如此，即使是在 20 年后，正安全地坐在咨询室里，她仍然对那段记忆表现出明显的惧意。为了消除该事件的不良影响，我在治疗工作中付出了大量的时间和心力。

还有一点我没有提到的是，在治疗的第一年，我发现自己很难理解艾玛试图传达的意思。我也不知道为什么会这样，对这个问题冥思苦想了好几年，直到在偶然间发现了"错格"（anacoluthon）一词及其含义时才恍然大悟。它是一种修辞格，表示一个人硬生生地把一个句子要表达的意义转移到另一个不同主语的句子里。这样做的目的（我想艾玛并没有意识到）是为了迷惑或转移听众的注意力。我现在想，在某种程度上，艾玛是想把我绕糊涂，让我无法理解她，因为她一直很担心自己的精神出了什么问题，害怕我会从她的言谈举止中发现这一点。这导致她看上去非常不懂事，在数年内，每当周一早上 10 点我一开门看到她，都会这么认为。这让我非常头痛。当然，我坚持了下来。我凭直觉知道，极少有人会像她这样，如此迫切地需要我的帮助。尽管艾玛在一定程度上对我持否定态度，但我认为，她其实是希望我能让她相信，无论我们之间发生了什么事，我都会真心对她。事实上，我把负性移情解读为她对我的严峻考验，她想看看，如果她对我始终抱着消极的态度，我是否会弃她而去。我能理解在艾玛的无意识层面发生的这一切，因此，我不认为她有恶意。

显然，当我做完手术回到治疗室时，我通过了第一个考验——艾玛担心我会以死亡的形式抛弃她，但我没有。当分居的丈夫威胁要带走两个孩子时，我承诺会帮助她，不让他获得孩子的监护权，这时我才算通过了"真正的考验"（她是这么告诉我的），这件事发生在治疗的第 5 年。她告诉我："我人生中终于有了一个无论发生什么都会为我而战的同盟。"从那一刻起，治疗中出现的移情很快向正性的方向转变。但在和来访者的治疗谈话中，如果来访者没有时不时地表现出一些负性情绪，那反而是不自然的。所以，我们当然还是会时不时地回到负性移情状态。

在治疗的前 5 年，艾玛满脑子都是她在童年时期遭受的创伤。很明显，她需要先处理这些创伤，然后才能继续前进，慢慢学会享受当下的生活。她谈到了自己的学生时代，学校里的老师对她的评价是"不太聪明""很麻烦"，显然师长们都认为她将来无所作为。虽然这样的话非常刺耳且足以令人寒心，但我认为也反过来对她很有帮助。这促使她在学业上不断追求上进，一心想证明"他们"（父母和老师）是错误的。顺便说一句，我认为，艾玛的成绩不佳并非由于学习能力不足，更大的原因是不安全的家庭生活让她长期陷入情感冲突，所以她无法把心思全放在学习上。除此之外，艾玛还在家人那里留下了爱在学校里和人吵架的名声，她每天放学回家都会被母亲问同一个问题："你今天又跟谁闹翻了？"的确，在接受治疗的前 4 年里，在我看来艾玛一直脾气暴躁，她把生活看作是一种对她的考验，认为命运总是在暗中与她作对。她会悲伤地问："为什么我就没有顺心的时候？"这是一种恶性循环和"自我实现预言"吗？我对此表示怀疑。如果她的母亲和老师们预设她会做出一些令人讨厌的行为，那艾玛怎么还会不断努力去赢得他们的认可，还会对这个世界感到尴尬和不自在呢？

我把这也解释为一种对童年的反应——这种童年代表着可怕的生存挣扎，代表着完全不被需要的惶恐和极度的不安全感。艾玛有四个兄弟姐妹，一家人住在大城市平民区的一栋小排屋里，家里的气氛总是充满了混乱和冲突。在艾玛出生之后不久，母亲因病在医院里住了很长一段时间，父亲不得不又当爹又当妈地面对家里一群孩子，导致家中原本就无处不在的不安全感进一步恶化。艾玛不能经常去看望母亲，也因为是小孩子，没人告诉她母亲的病情到底如何，这加剧了艾玛的焦虑。可能部分有意识部分无意识地，她怀疑过母亲是否还会回来。考虑到这段经历，她会在我住院的那段时间感到如此痛苦，反应又如此尖酸刻薄就没什么好奇怪了。顺便说一句，在我做胆囊切除手术时，我并不知道她母亲住院的那段经历。艾玛好多年没有向人提过这件事。我想这是因为回忆太过痛苦，所以被她压抑或否认了。

从艾玛对童年的描述中，我发现艾玛的母亲显然患有严重的抑郁症，而且年头不短，所以她被锁在一个黑暗、阴郁、无望的内心世界里。用安德烈·格林的话来说，艾玛不得不面对一个"死寂的母亲"。除了那段短暂的住院时光外，母亲仍然是一家之主，但她显然在管理孩子方面有困难。对艾玛而言，她的整个童年都是创伤性经历。萨拉·贝纳默（Sarah Benamer）在一篇摘录自《创伤与依恋》（*Trauma and Attachment*）的文章中，将创伤描述为这样一种体验：

> 他被无助感和恐惧感压垮了，感觉自己即将灰飞烟灭——仿佛那是生死存亡的紧急关头，同时还伴随着被抛弃、被忽视、孤独、绝望和羞耻的感觉。这些体验让人产生对解体的恐惧，并且远比实际危险更能威胁一个人的精神生存。

读到这些句子时，我立刻意识到它们准确描述了童年给艾玛的人生带来的影响，在此之前我还没见过如此一针见血的形容。的确，感觉自己即将灰飞烟灭的恐惧在创伤事件过去很久后仍然存在，艾玛接受了长达 17 年的心理治疗，才最终消除了童年时给她留下的创伤。对于艾玛来说，如果只是将她的问题描述为因童年经历造成的不安全 - 回避型依恋模式是不够的。艾玛每天都被各种幻想折磨，觉得结束自己的生命是一件好事，认为这比逼着自己去继续奋斗容易多了。在前 14 年的治疗中，那些关于死亡和虚无的常见幻觉意象经常出现在她的眼前。在治疗开始的时候，她不承认自己正被这些意象困扰着，我认为这是因为她害怕会被我贴上"疯子"的标签。但随着岁月的流逝，她开始向我吐露她最大的恐惧，即她对死亡的幻想。当陷入这种恐惧时，她会来找我，我们会一起讨论应对这种内心冲突和恐惧的办法。她的死亡恐惧往往与某个要去的地方有关。举例来说，如果一次旅行路线中包括通过高架桥，她就会犹豫是否成行，因为她担心，在经过这种现实中常常成为"潜在自杀地点"的高架桥时，她会忍不住故意开车直冲下去。这个原因令人震惊，却又如此真实。她是什么时候承认这一让她饱受困扰的幻想并开始与我讨论的呢？是在讨论某个具体的旅程时，我无意中说她要经过克利夫顿悬索桥。而她是在过了好几次治疗之后，才对我上面说到的无心之举大发雷霆。其实我只是顺口提了一下伊桑巴德·金德姆·布鲁内尔（Isambard Kingdom Brunel）的标志性建筑杰作而已，但由此而引发的后续完全是一个"踏破铁鞋无觅处，得来全不费功夫"的意外收获。

我讽刺性地使用了"收获"这个词。的确，我无意中提到的这个细节让我们双方都学到了很多。但在对艾玛的治疗中，类似这样的互动发生了无数次，我提到的这个例子只是其中一个比较典型的代表。正如我刚才所言，这个过程对我们双方而言确实算得上是"收获"：艾玛最终获得了对自己内在心灵世界的洞察，再加上发现我能够理解她，并且还承诺要理解得更深入，这足以让她感到安慰。这种联结感是显而易见的。但这一切经过了一个相当曲折的过程，委实来之不易。首先，我需要利用"共情"——即"感同身受"，竭尽所能地去感受她的世界，达到与她在情感上保持"调谐"的程度，无论在此过程中我个人将体验到什么样的被拒绝和被排斥。不论她在愤怒中对我说什么过分的话，都是因为她感到极度焦虑，感到如果被我远远推开自己可能会崩溃，对此我必须心里有数。在 30 多年的生活经历中，为了保证自己不会"灰飞烟灭"，她学会了一套属于自己的生存策略，这样的认知根深蒂固，无法通过认知行为技术的"橡皮膏策略"（sticking plaster strategy）来迅速加以改变。它需要治疗师细致、缓慢、耐心地应用"共情式沉浸"以不可辩驳的方式清楚地向她证明，治疗师是她可靠的"安全基地"。这样的治疗需要治疗师付出毕生努力，但确实会有所"收获"。例如上面提到的"克利夫顿悬索桥"事件，艾玛最初的反应是一顿大发作，但最后的结果是遏制住了她想要结束生命的意愿。还有什么比这更大的收获吗？对艾玛来说，这意味着她不再饱受死亡画面的困扰，也不再痛苦地纠结是否继续活下去。作为一个非常喜欢她的治疗师，我对此感到非常欣慰，并为我们共同努力的结果感到自豪。

## 治疗进展：重获新生

对艾玛的治疗进入第五个年头时，她和丈夫分手了。他离开了她，因为不想再辛苦赚钱养艾玛和两个孩子了。出于经济上的原因，艾玛被迫放弃寻找兼职的想法，努力追求一份全职工作。在持续多年的治疗中，我们花了很多时间来处理分居以及最终离婚给艾玛带来的情感影响。在婚姻破裂后的几年里，艾玛在情感上非常依赖我，即使每周密集地接受三次心理治疗，她也从来没有漏掉一次。以前艾玛为了取悦丈夫，远离亲朋好友搬到英格兰，孰料最后却成为无依无靠的"单身母亲"，这种打击对她来说是毁灭性的。在我看来，她对自己那原本就摇摇欲坠的身份认同感有一段时间完全消失了。在离异之前，她的身份是一个富家太太，是两个孩子的母亲，在此期间做过个体经营者，后来又成为一家大型机构的员工。在刚升级为母亲的那几年里，为了帮助丈夫创业，让他在职业地位和收入方面更上一层楼，她心甘情愿地把全部精力放在家庭上。女性把照顾孩子放在首位，多年不外出工作，因此在身份认同感和自尊心方面遭受巨大损失的情况并不罕见。艾玛也不例外。

我们一起下定决心（尽管只是心照不宣的共识，而非长期商量的结果），要为艾玛建立起强大到坚不可摧的自尊心和身份认同感。在照顾学龄前孩子的那些年里，艾玛接受了继续教育。因为 16 岁就离开学校，她的文凭很低，所以她一直在设法进行弥补。成为单身母亲后，她决定攻读远程教育学位。几年后，她获得了二级甲等学位，我们都很高兴。这无疑让她的自尊心大增，并开始对自己产生了认同感，尤其是在她的职业生涯开始蓬勃发展的时候——她在单位获得了升职。

我们详细讨论了她的发展方向。她非常渴望获得专业人士资格，这是她的原生家庭缺少的东西。我们还谈到了她和我成为同行的可能，但由于种种原因她最终放弃了这一计划。我们对所有可能的选择都做了仔细的评估。在这个阶段，我清楚地认识到，艾玛有一个异常活跃和敏捷的头脑。我敢肯定，她没有拿到文凭就离开学校是因为没得到机会，也没人期待她会成功，她因此被贴上了"平均水准以下"的标签，这使她之后的人生陷入恶性循环以证明这一"自我实现预言"。如果你总是给一个青少年喂一些知识"碎屑"，不让他"吃饱"，他长大后当然会"营养不良"。

正是因为艾玛没能得到充分的教育，所以我们决定让她去考取专业资质，让她去"饱餐"知识的饕餮盛宴，而不是像从前那样浅尝辄止。这意味着艾玛首先要学习研究生课程，然后争取拿到硕士学位，最后是博士学位。就在艾玛注册研究生课程并开始学习的那段时间，她有一次来做治疗时情绪非常低落。第一学期才刚开始，她就担心自己会达不到合格水平。我相信只需有人稍加指点她就知道怎么做了，所以我主动提供了一些学习方面的技巧。在她攻读硕士学位的第一年，我向艾玛提供了很多实际的帮助。可能有人会指责我越界，因为很多人认为心理治疗师的工作领域应该停留在分析框架内，但我并不认为自己做错了。如果你希望提供一个"安全基地"，并让来访者体验到"习得安全感"，有时你就要满足来访者的具体需求。我在第 12 章中提到了治疗师的"奉献精神"，这就是需要治疗师做出奉献的一个例子。在很多情况下，要让治疗工作达到最好的效果，治疗师需要"多做一点"，根据来访者具体的需求做出具体的选择。艾玛当时最需要的不只是一个可以提供解释的治疗师，她还需要一位指导者或老师。

第一个学期艾玛以优异的成绩通过了研究生课程考试。到了第二个学期，她已经可以在完全不需要我帮助的情况下独立完成作业了。后来她以优异的成绩通过了所有考试，取得了硕士学位，现在她正在顺利地攻读博士学位。

在取得这些学术资格的过程中，艾玛获得了一种更为内在的东西：一种稳定且令人深感满意的认同感。在拥有了更强大的自尊心和自信心后，艾玛开始在事业上大放异彩，一次又一次地得到提升，现在她在自己的工作领域已经是资深人士了。世界尽在她的掌握之中，几年之后，她就可以在行业内拥有自主选择权了，无论是受雇于人还是自主创业都没有问题。

在我们的共同努力下，艾玛完成了脱胎换骨般的蜕变，对此我非常高兴，同时也深感震撼。这是一条漫长的改变之路，她为之倾注了无尽的心血和努力。她是一个下定决心就百折不挠的人。我很高兴她最终"选择"了好好活着。

## 以多种方法改变世界观

我之前提到过，在这个案例中，艾玛固执地认为自己无法掌控人生，对生活充满了消极和悲观的预期。她在生活中不断手忙脚乱地去抓各种救命稻草，却发现一根也靠不住。照耀在别人身上的好运似乎从来不会光顾她。

对这样的个案，认知行为流派的咨询师肯定会立刻识别出其中的消极思维模式，即"禁令"（injunctions）和"脚本"（injunctions）的概念，然后会试图利用"思维停止"（thought-stopping）技术和"认知重组"（cognitive restructuring）技术来加以改变。我曾经以一个来访者的身份接触过认知行为疗法（CBT），并看到了这种疗法的积极效果。它确实对我很有帮助，但是，直到我发现问题的根本原因并通过精神分析式治疗来进行处理后，问题才最终得以解决。根据我的个人体会和过去 25 年与很多来访者的工作经验，我坚定地认为，认知行为技术是对精神分析疗法有用的补充。但是，从本质上说，它们只是"橡皮膏技术"（sticking-plaster techniques），并不能真正让伤口愈合，只会覆盖在伤口上，直到痛苦的根源被发现并得到解决。如果问题根源没有得到处理，即使伤口表面结了痂，也很可能会在将来的某个时候再次裂开，最终让伤口变得疤痕累累。目前，认知行为疗法是英国国民医疗服务体系的首选治疗方法，这并不是因为它真的是最有效的疗法，而是因为它的训练成本低廉，操作简便快捷。它不需要长期使用稀缺资源（即经过心理动力学和精神分析训练的治疗师），要知道经年累月的精神分析式治疗价格不菲。此外，不得不说 CBT 行业的从业者们非常精明且颇具政治头脑，他们花了不少时间和力气向政府提供了大量实证性证据，证明认知行为疗法比现有的精神分析疗法更有效。这主要有两个原因：首先，精神分析流派的治疗师们反应慢半拍，没那么快地意识到提供实证研究数据以强化其主张的政治要求，而且他们的工作方式不能通过简单、简短的标准化问卷进行调查。其次，CBT 研究并没有解决来访者的症状是否会在不久的将来复发的问题。它并没有询问来访者对该疗法是否完全满意，只是利用一些标准化测量工具并假定答案就是满意。但事实上，CBT 在实际操作中比更深入的精神分析治疗昂贵多了，因为从长期来看它的成本高昂，来访者需要在心理健康上投入得更多，而且缺席治疗的情况也更严重。再者，与任何一组统计数据一样，数据也可能"撒谎"，这完全取决于提出的问题是什么，以及提出这些问题的方式是什么，也就是研究中常见的"偏差"。在得出结论之前进行了多少次定性访谈？关于 CBT 的个人体验及长期效果又询问了多少组被试？

　　《卫报》（Guardian）最近刊登了一幅漫画，一位来访者躺在长椅上，一位精神分析师坐在他身后，配图的文字声称，弗洛伊德的精神分析技术事实上正在重新流行起来，事实证明，CBT 不能带来可持续的改变。我希望这是一个时代的标志。

艾玛对生活持有许多消极信念，这是我在对她的治疗中必须一直面对的事实。我认为这就是她对生活的态度极度悲观的根源。正是因为有了这些消极信念，即使生活一帆风顺、万事如意，她也不会认为自己运气好。多年来我们一直在探索她在童年和青春期的经历，正是这些经历让她对现实产生了如此消极的看法。我们必须把过去的负性经历和她现在的思维方式联系起来进行考虑。同时我还要就她现在的生活提出一些质疑，帮助她认识到生活中那些幸运的部分。诚然，她面临着与丈夫劳燕分飞的艰难境遇，但是，如果对现实持讽刺性视角而不是悲剧性视角，就有可能看到硬币的另一面。正是因为完成了这一过程，治疗师才看到了现在这样的结果，婚姻破裂最后变成了催化剂，激励着艾玛去自由地追求成功之路。婚变促使艾玛去发展自己的能力和抱负，如果仍然是已婚女性的身份，她可能永远也不会走上这条路。

艾玛逐渐学会了用更乐观的态度看待生活。她对现实的看法不再是悲剧性的，而是采用讽刺性视角，在任何情况下都去寻求事物积极的一面。她会去寻找生活厚爱自己的地方并为之庆幸，诸如拥有两个孩子，并且都很健康，在人生的各种选择上也很顺遂，他们非常爱她这个母亲，和她很亲近。她也很高兴地看到自己与母亲的关系有了很大的改善，现在她还可以从父母那里得到精神和物质上的支持，即使他们住得很远。她还意识到，拥有四个兄弟姐妹对她也是有益的，因为她可以向他们寻求帮助和建议，还可以聚在一起度过闲暇时间。她现在有一份很好的工作，收入丰厚且令人满意。她的专业能力如今已跻身一流水准。简而言之，她的生活总体是美好的，虽然有时候也会面对一些变数，但人生原本就是如此。

明年我打算退休了，并提前一年通知了我的所有来访者。到那时，艾玛已经接受了超过 18 年的治疗。我相信在她和我的关系中，她已经获得了一种"习得安全感"。我尽了最大的努力去做一个让她可以信任、依赖的人，做一个她象征意义上的"母亲"（这样在情绪情感上回应她的"母亲"是她未曾拥有的），在过去的 18 年里与她一起走过人生的每一步。我曾经在不同的国家，在很多个周末和晚上，回复她的邮件和短信。如今除了每周一次或每两周一次的治疗时间外，她已经很少需要我了。

艾玛是我生活中很重要的一部分，相信那些和长程来访者一起工作的同行对此会深有体会。我和她在一起的时间可能比和许多亲戚在一起的时间都多，更不用说一般的朋友了。如果不是现在这种关系，我们可能会成为多年老友，但精神分析的专业性治疗意味着我们必须放弃这种满足个人愿望的机会。我非常喜欢艾玛。我也为我们共同完成的工作感到无比自豪。

第 15 章

# 简：重塑一个新的世界观

简第一次来找我是在 15 年前。她在一位人力资源顾问的建议下向我寻求帮助，因为她在一次以家庭和丧失为主题的培训活动中抑制不住地哭泣。通常情况下，当有人建议你去寻求心理咨询或治疗时，你肯定会在某种程度上表现出有意识的不情愿或无意识的抗拒。但简并非如此，从这段关系一开始，她就表现出明显的庆幸，认为被鼓励前来求助的时机刚刚好，因此她对治疗非常投入。她一直非常积极地配合心理动力学模式的治疗，而且她具有丰富的心理感受性。事实上，在第一次评估后不久她似乎已经意识到，她的问题根源就在于她的家庭关系，虽然她把自己当前的问题描述为一种广泛性焦虑。

我注意到，她第一次来治疗的时候，是父亲开车带她来的，在她接受治疗的时候父亲开车离开，然后在治疗结束时又准时赶回来接她。在第一次治疗会谈中，简告诉我她会开车，而且有自己的车，我就在心里暗暗不解，既然如此，那为什么她的父亲还要像出租车司机一样提供接送服务？当时她已经快 30 岁了，和父母、哥哥、姐姐一起住在附近的一个小镇上。我仔细琢磨了一下她的这种出行方式，有点怀疑在我面前的这位年轻女子可能是不敢自己开车去一个陌生地方。这一推断让我日渐坚定了一个假设，即简患有广泛性焦虑障碍，但在最初的几次治疗中，我无法确定对其潜在原因的判断是否准确。

简一开始向我描述的是田园诗般的家庭生活。她看起来非常沉默寡言，绝不说一句父母或哥哥、姐姐的不是。我把这理解为一种防御，因为如果一上来就承认自己的亲密关系远远不完美，那太令人痛苦了。至于家庭以外的人际关系，她当时有一个刚结识几个月的男朋友。在随后的几年里，她一直担心他对这段感情的投入和她的不对等，按照她的推测，这可能是因为他在前一段感情中伤得太深。

当时简有一份全职工作，这是一份体力劳动，按理说凭她的智力和受教育程度，要找一份更好的工作并非难事。她曾经去外地念大学，虽然第一年的学习成绩并不理想，但最终拿到了学位。可是，在她大学毕业后回到家乡和父母身边后，似乎从来没有去找过一份与自己的资质匹配的工作。我猜测这是缺乏信心的结果，后来证明我的猜测是对的。

虽然简在遇到新情况或者需要改变日常习惯的生活时会表现得非常焦虑，我却相信她身上有一种坚强果决的精神。她对治疗的态度非常积极，我们很快就建立了良好的工作关系，开始了每周两次的治疗。她在移情中似乎把我当作了一个"母亲"的形象，但并不是把我当作她现实中的母亲，我觉得她是想让我成为她渴望的母亲，一个会"抱持"她、"容纳"她且在焦虑出现时让她安下心来的形象。用科胡特流派的话来说，在这个阶段发生的是"理想化移情"。我认为，咨询室里安静的气氛、定期的会谈时间、始终如一的陈设和气氛、没有任何增减的设备、我冷静的言谈举止以及轻松的工作风格都有助于她全身心地投入治疗。我在这个阶段的治疗中意识到，在我和她的关系中最重要的就是温和与共情（即和谐相处），此时对当时仍埋藏在无意识中的问题发表任何解释都是不可取的。我时刻提醒自己，解释的时机是否把握有度决定着是否能让来访者接受其含义。我还注意到这位来访者在表达上有自相矛盾的倾向。例如，她可能会说自己的家庭生活是美好的，却可能在详细描述这一结论时说一些风马牛不相及的内容。

她很快向我吐露了自己的秘密，解释了在出行这个问题上的困难。她承认会对不熟悉的路线感到非常紧张，所以只敢开车在住所周围转转。我不动声色地逐步鼓励她想办法自己开车来我的诊所，当然刚开始的时候只是鼓励她想象一下这种可能性。她跃跃欲试地接受了这个当时对她来说很艰巨的挑战。第一次是她自己开车，但父亲陪着她，不过在这之后，她就有了足够的自信独自开车前来了。后来我们把"冒险开车"当成一种象征性行为，代表她敢于迎接新的挑战。

简勇敢迈出的这一步事实上加深了我们之间正在形成的信任。在这之后，她开始更坦率地谈论她的家庭。简非常爱自己的母亲，直到今天仍然深深地爱着她，但能更客观地看待母亲的世界观了。她开始对母亲不断发出的负面评论和悲观的世界观感到窒息。在母亲眼里，似乎要做成任何一件事都要经过一番苦苦的挣扎，要是困难太大，最好还是放弃算了。简的母亲在生完孩子后就几乎再也没有工作过——除了在女儿青春期的时候做过几个小时的临时工。我猜想，如果要出去找一份固定工作，可能会让这位母亲只是想想就焦虑得难以忍受，似乎只有待在自己家里才能让她感到完全放松。例如，如果让她考虑去英国的海滨度假，她立刻就会感到焦虑不安。我一度怀疑简的母亲是否患有广场恐惧症，但在询问一些相关问题后排除了这一点。不管怎样，简的母亲确实是敢于走出家门的，只不过能让她感到自在的圈子不多。也许她对社交恐惧症有易感性，只不过表现得不是太明显，因为在她选择的社交圈内她是完全没有问题的。

## 治疗第一阶段的进展

随着治疗的推进，简对母亲的情况披露得越来越多了。母亲似乎在简的童年后期陷入了严重的抑郁状态。正如格林在他关于"死寂的母亲"一文中指出的那样，我认为这种情绪低落的状态是丧失引起的。不过，简的母亲并不是因丧失客体而悲伤，而是因为失去了安全感——丈夫被裁员，这个家因丧失了稳定的收入来源而变得岌岌可危。即使失去的东西是抽象而非具体的，其实际结果也与客体丧失相类似，都会让人陷入"忧郁症"，因为简的母亲陷入了一种异常的悲痛状态。简还清楚地记得，有一天她从学校回来，发现母亲正蜷缩在厨房的地板上无声恸哭。母亲完全没有注意到简放学回家了，这意味着她实际上感到母亲已经"死了"。她有一种被遗弃的感觉，虽然母亲就在那里。当这种情况发生时，并不意味着母亲完全不在意周遭的环境，只不过是她再也没有快乐的感觉，对烦琐的世俗生活提不起兴致了。

在这之后的一段时间里，母亲在心理和情感层面都变得遥不可及。简依旧记得那个具有转折意义的时刻，当时她故意靠在与父母卧室相邻的那面墙上伤心地哭泣。她知道父母就在他们的房间里，因为当时正是晚上。她近乎绝望地想寻求来自父母的安慰，结果却无人回应她。这让她的被遗弃感变得更强烈了，让她感觉在这个世界上自己孤苦伶仃、无依无靠。我相信，简之所以形成了不安全 - 矛盾型依恋模式，幼年经历的"死寂母亲综合征"是重要的因素之一，还有一部分原因是她有焦虑症的遗传倾向。

当简在年近而立第一次前来寻求心理治疗时，她的不安全 - 矛盾型依恋模式表现得非常明显。青年时期的简对母亲的感情表现为一种焦虑型依恋，一直担心自己说的话会让母亲心乱，担心母亲会因为自己的"多事"而再次心理崩溃。让简感到特别内疚的是，为了进一步深造，她需要定期去 50 公里之外的邻市，所以她很担心这会让母亲陷入难以承受的焦虑。刚开始的时候，简每次都是顾虑重重地坐着火车去上大学，最终，拿到文凭开始新事业的决心战胜了一切，所以尽管深感焦虑，她还是咬牙坚持了下来，并开始自驾前往目的地。在我看来，当时的简就像是陷入了"双重剂量"的急性焦虑，她需要承载属于自己的焦虑，同时也接受了母亲投射给她的焦虑。母亲通过"投射性认同"将自己的焦虑情绪转移给了女儿。按照我的理解，在把自身焦虑投射给女儿的过程中，母亲表达了自己的恐惧、担忧和关切，结果简认同并接受了这种投射，进入了一种非常紧张的状态。我认为这整个过程使她的母亲获得了某种程度的解脱。

在治疗的前四年里，上述过程一次又一次地重复，让简想要在 3 年内完成资格考试的计划变得格外艰巨。有时候，简很想放弃。但我坚持认为，在我的帮助和理解下，通过我对她的"抱持"，充当移情状态下的"好母亲"，认真倾听她的焦虑，努力将这种焦虑合理化并减轻到与现实相称的水平，我就一定能够帮助简实现她的最终目标。我认为她在这个阶段应该感觉到了某种程度的"另我移情"，尤其是在我们的职业技能有所重叠的情况下。我也帮助她提高了学习技巧，这又一次加强了她对我的"另我移情"，因为她逐渐认识到自己在某些方面与我颇为相似。

简成功地实现了自己的职业目标，事实上，在经过一段时间的实习后，她在治疗的第四年就取得了专业资质。她的自尊也随着专业资质的取得而提高了，这是我们两个人都乐见其成的，而且她还战胜了所有可能引发持续性焦虑的阻碍，这更让我们由衷地感到庆幸。虽然焦虑的本质就是让人失去力量，但因为有了我的全力支持及持续安抚，她学会了战胜焦虑，还证明了生活远远没有母亲明里暗里强调的那么危险。在我的帮助下，简勇敢地迈出了第一步，自己尝试去克服生活中的种种阻碍，并在此过程中逐渐认识到，那些要做的事情其实并不值得让她焦虑到那么夸张的程度——也就是她从前面对陌生经历时感受到的焦虑程度。通过这样的方式，我让她开始体会到"习得安全感"。在最初工作的那段时间里，我们之间的移情是沿着科胡特提出的理想化移情路线发展的，有几次简也感到了一种"镜映"，也就是说，她看到了自己在我眼里反映出来的样子。

在取得文凭的前后两年，简的自信心大大提升，也更乐于去接受新的挑战。与男友的感情问题成了那段时间她要面对的主要挑战。她和迈克尔的感情越来越深厚，于是他水到渠成地建议两人开始同居。我想，也许他们都认为在考虑结婚生子之前先同居一段时间是明智的选择。在她接受治疗的前 5 年里，最后一年的时间基本上都用来消除她对离开原生家庭的疑虑和恐惧了。对简来说，这一变化意味着父母不再是她要在生活中优先考虑的对象了。简非常担心，母亲会因女儿不在身边而无法应付日常生活，可能会重新陷入抑郁状态。对简这样的人来讲，让她考虑离开家无异于让一个从未登上过高峰的攀岩新手去攀登本尼维斯山。但在我的持续鼓励和每周两次类似"打鸡血"治疗的帮助下，简终于在结束治疗前不久和迈克尔同居了。"镜像移情"在这个时候起到了关键作用，因为简开始计划像我那样发展自己的生活，并从"我眼睛里反射的光芒"中感受到了我对她的认可。

所以，当那天简在治疗中告诉我迈克尔向她求婚时，你能想象我们的喜悦。她欣然接受了迈克尔的求婚。在接受了长达 5 年每周两次的治疗之后，简离开了治疗中心。我很高兴地得知简当时正在计划婚礼的细节。她的父母也都非常支持她踏入人生的新阶段。当时简已经在她选择的专业领域内找到了一份全职工作。

# 第二阶段的治疗

时隔 7 年之后，简再次出现在我面前。在这 7 年中，我每年都会收到她寄来的圣诞贺卡。因而我知道她的婚礼、她第一个孩子的出生，以及两年后又一个孩子的出生，对她在工作上的各种变化我也悉数知晓。

自她最后一次以来访者的身份与我相见后，我已经搬了两次家，正住在一个漂亮的木结构乡间别墅内。这与我以前和她一起工作时住过的 20 世纪 70 年代风格的城市住宅大不相同。有一天，我接到简的电话，问我她是否可以回来接受治疗。她简要地描述了过去几年里经历的一些创伤，在寄给我的圣诞卡上她曾轻描淡写地对这些事件一笔带过。

我们很快重新建立了良好的治疗同盟。在移情中，我仍然代表着"好母亲"，但这种关系与我们在第一阶段的治疗有着本质的不同。首先，简已经成长为一个拥有丰富人生智慧的成熟女性，也有了早年没有的庄重。我凭直觉知道，在我面前的已不再是原来的那个简了，当时她在很多方面都还是一个孩子，而现在的她已经足以与我平起平坐了。这让我有了更多需要思考的地方：会出现什么样的移情和反移情？在她人生的这个阶段，我能提供什么样的帮助？

在认识简以后的这些年里，我的生活也发生了一些重大的变化。在获得精神分析治疗师资格后，我选择将长程治疗作为自己的主要工作方向，并在这些年里积累了不少信心和经验。不仅如此，在这些年里我还花了大量的时间思考，什么样的治疗方法和基本理论取向最能满足长程来访者的需求？在经过一番深思熟虑后，我逐渐把依恋理论与其他理论整合起来，形成了属于自己的"习得安全感"理论。此外，我逐渐认识到，治疗师确实需要以合作的方式工作——无论是与来访者共同构建人生叙事，还是实现"主体间共情"。我还发现，史托罗楼和他的同事们提出的"主体间性理论"与我在反思性实践中总结出的基本概念是一致的。在此理论基础上，我形成了一个整合性理论，并将它应用于我的治疗实践中。最值得一提的是，我从实践中认识到，长程治疗的关键就是要有意识、有目的地让来访者体验到安全感，用约翰·鲍尔比的话说，就是体验到拥有一个"安全基地"是什么感觉。我明白，很多治疗师认为他们总体上认可这种工作方式，但我不认为他们会把它视为治疗的"必要条件"。正如我之前所说，它要求治疗师始终不渝地认为，治疗师的主要目的就是提供一种"习得安全感"，以治愈来访者在童年时期遭受的发展缺陷。

如果读者想清楚了解这样的发展缺陷，简的童年就是一个很好的例子。在她的成长过程中，父母一直陪伴在她身边，她并没有经历实际意义上的客体丧失，但她确实体会到了我在本书第二部分中提到的一种母爱剥夺——"死寂母亲综合征"。母亲的弥漫性焦虑状态也对简的成长造成了巨大的影响。

事实上，青春期的简也经历过客体丧失的痛苦——她深爱的祖父去世了，给她的生活留下了一个巨大的空洞。在简和兄弟姐妹们的成长过程中，祖父母一直扮演着重要的角色。祖父母和他们住在同一个地区，小时候，简每周都会和母亲去祖父母家里几次。到十几岁的时候，她每天放学后都会自己去看望祖父母。祖父对她特别亲切，我想，他在面对生活变迁时所表现出的那种沉着、坚韧的神态才是最吸引她的地方。她描述了自己小时候是如何承欢祖父膝下的——她坐在地板上，背靠着祖父的腿，祖父悠闲地吸着烟斗，这样的场景总是能让她产生岁月静好的满足感。祖父是一个少言寡语的人，但他说的话总是能让她很快平静下来。有时候她还会和祖父一起待在花园里，看着他在土地上劳作。在简的童年和青春期，祖父在她眼中宛若一切智慧的源泉。他对生活中变幻莫测的遭遇安之若素，对妻子的恼人行为泰然处之，这两种品质都是简用心感受到的。每当看到祖父在困难面前镇定自若、不慌不忙的表现时，她就能从焦虑中得到解脱。他的去世对简仿若晴天霹雳，完全出乎意料，这是因为简一直不愿接受他已病入膏肓的事实，所以她把祖父可能会死亡的念头死死地压抑住了。简悲痛欲绝，陷入了弗洛伊德所说的"忧郁症"状态。她的悲伤变成了一种绝望的抑郁，她再也不能像计划好的那样，鼓起勇气离家去上大学了。事实上，在那以后她有一年的时间都不敢出门。幸运的是，她的悲痛最终减轻了，生活还得继续，最终她还是去了大学读自己选择的专业。

当简第二次前来接受治疗时，她再次遭受了一系列毁灭性的打击。在她和丈夫结婚 5 年后，丈夫的老板声称得到"密报"指控丈夫盗用公款并当场解雇了他。后来公司在调查这个案子时发现，告密的是一名患有妄想症的员工。这件事对简造成了两个方面的影响。首先是现实层面的影响，因为失去工作，迈克尔短期内没有能力挣钱养家，这意味着简必须在生完第二个孩子后重返工作岗位。一直以来，她都设想在孩子们上学前班的那几年里做一个"家庭主妇"。许多初为人母的女性之所以选择重返职场，是因为她们不喜欢和孩子待在家里，缺乏与成人交往机会的主妇生活让她们情绪低落。但我想强调的是，简是期待能在家里和孩子们待在一起的，这就是她一直向往的生活，而现在这个梦想破灭了，这对简而言意味着巨大的损失和巨大的悲伤。其次是精神层面的影响，在她心目中，自己是来自"体面、守法、拥有传统中产阶级价值体系的家庭"并一直以此为傲，当丈夫被指控盗窃时，对她的世界观来说绝对是毁灭性的打击。而这种世界观是简最看重的东西，她强烈而敏锐地感受到了它的丧失。

就这样，丈夫和妻子都在各自的悲伤中煎熬，可惜却无法为彼此分担。对迈克尔的诬告显然是蓄意的，不幸的是，这一行为严重地影响了他们的婚姻关系。随着两人都开始出现抑郁症状，这对夫妇慢慢渐行渐远。他们生活在各自的小世界里，各行其是，谢绝来自对方的帮助。最后糟糕到什么程度呢，除了问问"我们今晚吃什么"，他们之间已无话可说。

多年前，我在接受"Relate"培训（即我最初的咨询经历）时了解到，导致婚姻破裂的最常见原因就是沟通障碍。我并不是说这对夫妇真的在彼此面前一言不发，只不过他们谈论的通常是成人生活中的那些日常琐事，并没有进行真正有意义的对话。事实上，如果能对生活中那些关乎情感的方面进行对话和讨论，会让夫妻之间保持亲密的联结感。也正是这种联结感为成功的婚姻提供了黏合剂，让夫妻感情弥久常新。但这种联结感在简回来治疗前就已经消失了。她意识到自己的婚姻将会以失败告终，除非她采取一些积极的措施来防止这种情况发生，她是对的。

尽管迈克尔被洗清了污名，并很快在另一家公司开始了新的职业生涯，但这并没有弥合他们之间的裂痕。简对自己未来的人生规划失去了两种信念，用我的话说，她的世界观动摇了。她回到了母亲的世界观："外部世界很危险，应能避则避。"这加剧了她的抑郁，让她重新对与他人打交道感到焦虑。

所以，和祖父的去世不一样的是，这一次她感受到的丧失既是无形的，也是有形的。家庭收入受到的损失是有形的，丧失对现实世界的憧憬则是无形的。我想，对她来说，除了我这个数年前曾为她充当过"安全基地"的心理治疗师，她很难向其他人讲清楚她真正失去了什么。当简再次找上门来时，她和丈夫都已经找到工作了。对迈克尔的指控已被证明是诬告。但遗憾的是，这个指控造成的后果并没有以同样的速度消除。

因为曾经是"Relate"的一名咨询师，我目睹过太多夫妻关系中让人遗憾的现象。以一个比喻来说，有一对夫妻，当他们手挽手沿着一条小径漫步，享受着二人世界时，突然被路中间的一块石头挡住了去路（指可能以任何形式出现的现实危机），结果，这对夫妻在这块石头前分道扬镳。然后他们各自在两条千差万别的道路上继续前进（继续各自的生活）。简而言之，危机当前他们选择了劳燕分飞，但其实他们原本可以做出另外一种选择，原本可以在人生的苦难时刻彼此分担、互相扶持。

就和上面的比喻一样，这场危机使迈克尔和简产生了分歧。因为失去了"往日的生活"，更因为这项指控造成的伤害，他们分别将自己锁在孤独的囚笼里。我认为我的任务是帮助简重新建立与迈克尔的联结，并对过往事件的潜在（而且只是部分意识到的）意义进行处理。此外，简之所以选择这个时候回到我身边，是因为觉得需要我这个她曾如此依赖的"安全基地"的帮助。在危机时刻，因为没有了曾经每周出现的"安全基地"，也因为失去了自己的主要世界观，简在应对生活时退行到了一种充满焦虑的思维和情感模式。所以，我觉得我需要向她提供一种新的、更强烈的"习得安全感"体验，原因有两个：首先，这样做可以叠加之前的治疗体验；其次，在简结束治疗后的这 7 年中，对于"长程治疗如何才能最有效治愈个体遭受的发展缺陷"这个问题我已形成了比较完整的理论基础。从整合立场出发，我摸索出了一种工作模式，可以在咨询室的临床设置中发挥作用，帮助来访者。我相信，我提供的"习得安全感"体验会像一剂"强心针"那样，对简有所帮助。

在这个阶段的治疗中，我认为关键是让简体验到科胡特所说的"镜像移情"和"另我移情"。幸运的是，简当时从事的职业在结构上确实与我的有诸多相似，即都是为服务对象提供关心和照顾。这有助于简在治疗中体验到"镜像移情"和"另我移情"。这个过程让她产生了"我们站在同一条战线上，有着相同波长"的意识。作为治疗师，我们有必要让来访者清楚地知道，我们和他们说的是同一种语言。

以前简在我这里接受治疗时，我还是一个在精神分析训练设定的各种限制面前战战兢兢的治疗师。当时宣扬的职业价值观之一是，治疗师应该在与来访者相处时保持"空白屏幕"，要全神贯注地去分析来访者的移情并提供解释。正因如此，当我们再次开始合作时，简一开始仍然对我有一种"理想化移情"。因为对简的治疗现在已进行到第二阶段了，所以，考虑到简当前面对的问题，我认为是时候让简解构理想化的我，把我当成一面"镜子"和一个"另我"了。

为了解构这种理想化移情，在过去 3 年里，我故意在简面前表现出自己脆弱的那一面，并对自己的信仰体系做了一些自我暴露。更重要的是，我加强了咨访之间的合作，尽量减少我们之间的力量差异。我在前面的章节中谈到了治疗关系中不可否认的力量差异，我坚定地认为，作为治疗师，最合理的做法就是在咨询室中不断努力减少这种差异。

可以肯定的是，简现在认为我们之间的关系是平等的，而这种平等是她以前从没有体验过的。所以，我很小心地让简参与到共建、合作的过程中来，方式之一就是为她过往的经历共建一个人生叙事。"叙事"一词来源于希腊语"gnathos"，意为"知识"。我打算让她来决定该给自己的人生故事赋予什么意义。我可能会提供一些建议或想法，但仅此而已，因为个人的人生叙事"并不是对某个明确给定的东西做水晶般清晰的叙述"。当不同的两个人经历同一个事件时，他们对该事件赋予的意义可能截然不同。正是出于这个原因，在与简合作的过程中，我特意和她讨论针对迈克尔的那个指控，希望她能清楚地把她对该指控赋予的意义说出来，这个意义可能是隐藏的、到目前为止她并没有完全意识到的。就像我前面指出的那样，这一事件之所以让简感到如此绝望和沮丧，是因为她发自内心地认为，该事件在某种程度上摧毁了她引以为傲的那个体面、守法、属于中产阶级的"2.4 个孩子的小家庭"（two-point-four-children family）。在简看来，一个人应该在待人接物时永远保持得体的风度，这在她的世界观中是很重要的一部分。例如，她一直严格要求孩子们恰当使用"请""谢谢"等礼貌用语。对丈夫的盗窃指控如同撕下了那层昭示体面的外衣，使她产生了一种深深的羞耻感，正是这种感觉导致了她在那件事发生后陷入抑郁之中。所以，我觉得我的任务就是帮助她对家庭中发生的事保持一颗平常心，并在治疗中创造出一种"无条件积极关注"的氛围，帮助她重新振作起来，再次对生活产生信心，并坚信未来会比从前更美好。

事实上，简已经成功了，她重新成为快乐的社会一员，再也没有她第二次前来求助时那种恨不得远离世人、与世界格格不入的感觉了。当时的她沉浸在不正常的悲伤情绪中，认为自己再也不能"抬起头做人"了，如果不能指出这种感觉的荒谬之处并彻底将其消除，就不可能让她走出悲伤。

我相信，曾经困扰着简的"忧郁症"在很大程度上已经被"另我移情"和"镜像移情"的治愈力量消除了，正是这种力量让简逐渐相信，自己有权在"体面""正常"的英国社会中占有一席之地。用温尼科特的话来说："母亲（治疗师）的脸是孩子第一次发现自我的镜子。"

简现在正重新享受着家庭生活，她和迈克尔的关系已经稳稳地重回正轨。工作给她带来了不少乐趣，但生活中最大的满足还是来自妻子和母亲的身份。她也非常注重定期与大家庭进行互动，尤其是维护与父母和兄弟姐妹的关系。她的一位近亲不幸于一年前死于癌症，那是一种痛苦而漫长的死亡，但她并没有因为失去这位亲人而受到严重影响。

总体而言，我很高兴简再次回到了一种不那么容易产生焦虑的生活方式。在合作的第一阶段，我们用了 5 年的时间来专门处理她与父母的分离问题，但自那以后，简就一直与她的父母保持着亲密和谐的关系。在与母亲的关系中，她已不再接受母亲过去常常投射给她的那种焦虑了。我认为这是我们共同努力的结果。她的母亲也承认，简现在的主要关注点是自己的小家庭，而不是原生家庭。

我很高兴地看到，这位年轻女子在很多方面都变得成熟了，现在她已经能够从容地面对人生的不测风云，从她身上再也感受不到那种会被诊断为不安全 - 矛盾型的依恋模式了。对我来说，对简的治疗过程是一项了不起的杰作，我相信她会证实这一点。

# 第 16 章

# 海伦：终于成为真实的自己

12年前，海伦第一次前来向我求助。在治疗评估中，她非常清楚地告诉我，有两个主要原因让她觉得自己需要专业帮助：首先，她已经养成了一个习惯，总是忍不住结交那些在她眼里受过伤的与她同龄或比她年长的男人；其次，她告诉我，在过去的 9 个月内，她经历了严重的抑郁发作，想尝试用心理治疗来让自己恢复正常。她的家庭医生给她开了抗抑郁药片，尽管她已经尝试了多种抗抑郁药物，那种宁愿死去也不想活着的感觉依然毫无缓解。不过，我并没有发现她存在自杀意念的证据。

## 治疗初期

在评估过程中，我问海伦对治疗时长有什么看法。她回答说，她认为自己的问题至少需要 3 年才能解决。于是我们约定每周做一次治疗，但我直觉地感到，她的问题非常复杂，处理起来会很棘手，可能需要每周两到三次的强化治疗。但我当时并没有说出来，因为我觉得，这样安排给她造成的负担太大了，如果坦白告诉她，可能会使她对治疗产生更大的阻抗。从她说的话中我可以清楚地看到，在最终决定寻求专业帮助之前，她犹豫了很长时间。她在一年多前就开始考虑寻求治疗了，因为她感觉到，在与男性交往时，自己是在重复同一种模式。在评估阶段，我问她从前是否因为这样或那样的原因接受过心理辅导。她告诉我，22 岁的时候，她曾在别人的鼓励下接受了一位精神科医生的精神分析，在 6 个月的时间里，她每周都去接受治疗（在 NHS 推荐的机构），但后来被吓跑了，因为那位精神科医生开了一些下流的玩笑，并说他觉得她的问题的根源"在于对生活中某个男人的矛盾感情"。当时她以为他是在暗示年仅 20 岁就结婚对她而言是个错误，而现在她后悔当初自己的决定了。尽管当时她对心理治疗或精神分析一无所知，但她凭直觉感到，这位精神科医生"越界"了，而且他的笑话中带着明显的性暗示，让她感到非常不舒服，于是她停止了治疗。她有足够的洞察力，也意识到她之所以决定终止那次精神分析式治疗是出于对婚姻的维护。那时她明白了当初父母为何反对她那么早结婚，甚至宣称她的婚姻"会以灾难告终"，她觉得心理治疗可能会证明他们的假设是正确的。

25 年后的今天，她说自己后悔错过了在国民医疗服务体系下接受心理治疗的机会。她现在能理解那位精神科医生为什么提到她和父亲的关系了，并向我承认这段关系确实"过于亲密"（有趣的是，她的父亲曾亲自带她去做心理治疗）。但她觉得，也许那位精神科医生所给的解释是在旁敲侧击，想看看她是否曾在某个时刻意识到这种关系的不正常，或者在无意识深处对这段关系存有疑虑。事实上，她在治疗中也很快就意识到了，当年才 20

多岁的她并没有足够的洞察力去发现自己正受困于一个未解决的俄狄浦斯情结，精神科医生的解释只会让她感到困惑，引起她的阻抗，让她假装自己没有问题。在我看来，那些下流的笑话也表明，那位精神科医生缺乏经验（从善意的角度看）或者渎职（从最坏的情况看）。

但海伦提到她与父亲的关系"有些不正常"，这一事实证明了我的初步假设，即在我面前的这位中年女子有着未解决的俄狄浦斯情结。我认为，反复与已婚男人调情的行为（换句话说，选择一个因有另一段感情而无法对自己负责的男人，这种禁忌之恋可能让她产生战栗的兴奋感）就体现出了未解决的俄狄浦斯情结。在第二次评估中，海伦说她无法忍受没有父亲的生活，害怕父亲会死去，这使我更加相信之前的假设是正确的。在随后的讨论中，她对这段关系的描述是："一种伴侣关系，当然，在这段关系中没有任何性暗示。"这不禁让我觉得，把莎士比亚在《哈姆雷特》（*Hamlet*）中写的那句"我认为这位小姐说得太多了"放在这里再贴切不过了。

我向海伦建议安排第二次评估，因为第一次评估性会谈中充满了复杂的动力，需要再来一次我才能完成评估。这加深了我的感觉，海伦每周需要不止一次治疗，原因有两个：第一，这样才能让所有材料都得到处理；第二，我需要在治疗中向她提供"容纳"的氛围，让她体验到正确的"安全基地"。我凭直觉预见到，要获得海伦的信任并让她感到被安全地"抱持"需要很长的一段时间，并且需要付出艰苦的努力。因为我得出的假设是，无论是父亲还是母亲，都没有向她提供过建立"安全基地"所需的爱和稳定。

在早期治疗中，我就觉察到海伦遭受了一些深度发展缺陷，需要我用尽浑身解数，有目的、有计划地向她提供"习得安全感"体验，虽然那个时候我对这个过程还没有这样命名。

## 治疗关系的发展

事实上，我相信海伦敢于比我预期的更快信任我。果然，不到 4 个月，她就对我产生了足够的信任，相信我一定会为了她的最大利益行事，并向我吐露了一些非常重要的"秘密"。尽管如此，她依然花了将近 10 年的时间才声称，经过我的治疗，她平生第一次感受到了真正的安全。在我们的治疗同盟中，很多时候海伦表现出的依恋模式让我倾向于诊断为不安全 - 矛盾型。我记得米库利茨（Mikulincer）和谢弗（Shaver）说过，大多数不安全依恋模式都介于不安全 - 矛盾型和不安全 - 回避型之间。根据我对海伦的诊断，在大部分时间里她的依恋模式属于不安全 - 矛盾型，她的一些表现支持了这个结论。例如，当我要出门度假时，她会表现出极其黏人的行为。她恳求我在确实要离家远行时告诉她，她对我的暂时离开表现出非常严重的焦虑，以至于在至少 4 年的时间内，当我们必须分开一段时间时，我会以寄明信片的方式来安抚她，让这些明信片充当"过渡性客体"。事实上，这种做法之所以管用，部分是因为它起到了"过渡性客体"的作用，部分是因为我在明信片中精心挑选了一些词语，让她觉得我"和她在一起"。我还清楚地记得其中一张明信片，我在上面写了一句颇具深意的话，目的是让她在我休假期间思考并理解其中的含义，将其融会贯通。这句话是"分离不是放弃"。

但海伦也表现出了矛盾的一面，她经常反对我说的话，这证明了她对我有负性移情（表现为一些带有攻击性的行为），但与此同时，她对我产生了朝着好的一面发展且越来越深厚的依恋之情。有时候我们之间只要稍有分歧，她的态度就会变得很差，而且在很多情况下，她的反应算得上是极端剧烈的爆发。尽管如此，我还是察觉到了她的矛盾心理，因为尽管有上述那些消极因素，她还是很快就发展出对我的依赖。在移情过程中，她很快就开始把我当成她的母亲，但我意识到，这是一种在把我视为母亲形象和父亲形象之间摇摆不定的移情。我开始意识到，她内心渴望的是一个坚强、可靠、不求任何回报的父亲，这与她对父亲的实际体验大不相同。在移情过程中，她经常问我是否生她的气了，因为她害怕我会以长时间的愠怒或狂怒来回应她，表明她预期我会重复父亲在她拒绝服从他的要求时对她的反应。

正如我前面指出的，虽然海伦在大部分时间里表现出了不安全 - 矛盾型依恋模式，但有时候她也在与我相处时表现出了不安全 - 回避型模式。她总是频繁使用"幽默"和"理智化"这两种防御机制，我觉得她是想用这种方法与我（以及她自己的真实感受）保持距离。在治疗的第一个 5 年里，她向我投射了一些来自"虚假自体"的东西，并试图说服我接受这个她表现出来的样子，而不是她纯粹的"真实自体"。在早期的反移情中，她表现出了一些超出我们关系范围的行为，我感受到一些让我略有不适的亲昵和挑逗，这确实产生了一种很矛盾的效果，使我感到既有点着迷，又深感不安，因为我感觉她是在试图以某种方式控制我。虽然有人可能会认为，这种类似公然调情的举动是在试图拉近我们之间的距离，创造一种超乎意料的亲密，但我认为这实际上是矛盾的。调情是为了保持一种防御结构，因为它代表着一种想要亲密的欲望，但这个愿望从长期来看是很难实现的，因为它把这段关系中涉及性的那方面放在首位，以牺牲真正的情感亲密为代价。我还认为，在海伦的无意识层面，她是试图以这种方式在此时此地告诉我，她是如何处理生活中的大部分关系的。我认为这足以证实在她心目中自己首先是一个"性客体"，其重要性远高于人格的其他方面。按照格林森的建议，我对自己的反移情进行了一番长时间的思考，最终对这种关系模式做出了一个解释。我们详细讨论了我对这种调情的感觉，并对她与男性交往的历史进行了一番探索。我们还讨论了这种调情产生的影响，以及她这样做的动机，经过一番推心置腹的沟通后，她同意不再对我使用这种方法。虽然有一点讽刺意味，但也许并不令人惊讶，当这种特殊的防御结构受到挑战并被打破时，我们的关系实际上变得更亲密也更深入了。

我们的治疗从一开始就"很满"，4个月后，海伦问我是否可以安排她每周再多一次治疗，因为她非常焦虑，想要处理的材料太多。我们的工作有一个标志性特征，那就是海伦始终积极投入治疗，在长达12年的治疗史中，除了因为两次大手术不得不卧床休息外，她几乎没有错过一次治疗。

## 一种模式出现了

8个月后，海伦要求将每周的治疗安排增加到3次。在之后长达12年的治疗中，我们大部分时间都保持着这个频率。在治疗的最后一年，我们都认为减少到每周2次更好，然后在计划结束治疗的那段时间减少到每周一次。对海伦来说，结束治疗是一个非常艰难和复杂的过程，这主要是因为她的依赖程度太高，而且很害怕放弃已经习惯的"安全基地"。在她能够将学到的东西应用到外部世界的其他人身上之前，我认为必须保证我这个"安全基地"是非常安全的。

前3年的治疗工作主要集中在海伦与各种男性朋友的关系上。治疗刚开始的时候，海伦正努力解决与一位年长男子感情破裂的问题，当时她正在攻读硕士学位，因为她想拿到一个更高的文凭。求学期间她与这位年长男子的关系非常密切。当海伦在大学里第一次见到这位男子时，他刚刚丧偶。我敏锐地发现，一种关系模式出现了——她会被男人的创伤所吸引，并强迫性地想去治愈这种创伤。她也意识到了这种与"受伤"男性交往的模式，但在我在花费巨大的精力做了大量解释后，她才把成长过程中帮助父亲疗伤的经历与这种模式联系起来。在她和这位年长男性的交往中，他们从来没有发生过性行为，但他对待她的态度有一种不言而喻的情色意味，还有一种对待"所有物"的感觉。不过，虽然对方的这种态度营造出了一种她形容为"安全感"的氛围，而且她也颇为享受这种感觉，但除了一些调情挑逗的行为外，她还是刻意避免了与对方发生性关系。她说得很清楚，她之所以前来寻求心理治疗，原因之一就是担心有一天她会在另一段关系中越了雷池，危及自己的婚姻。毋庸置疑，我们可以清楚地看到，这种不断重复的寻找婚外友情的模式虽然还没有完全变成"婚外性"模式，却已经让她的婚姻处于紧张状态了。多年来，丈夫对她这种需求的理解达到了令人吃惊的程度，他始终保持着对她的忠诚并鼓励她去寻求心理治疗，希望能通过治疗解决她在这方面的欲望。

## 治疗前 3 年

在治疗的前 3 年，海伦又不由自主地陷入了另外两段感情，每一段都和她在大学里建立的那段关系一样，重复着相同的模式。值得一提的是，其中的第一段感情是在她与父亲大吵一场之后发生的，之所以会爆发那样一场争吵，是因为她决定不再充当父母感情中的"第三者"。在那几年里，她已经逐渐地意识到了这种三角动力。

所以，我从这一系列与异性之间的关系中总结出一个反复出现的模式，它代表着一个有着神经症性冲突的人的强迫性重复，而这种冲突是由于与父亲的不当关系引发的。两位男性朋友都详细地向海伦讲述了他们早年受过的伤。海伦逐渐意识到，每个与她发生情感纠葛的男人在刚认识她的时候，都会向她讲述在生活中与父亲的关系有多困难，父子之间发生过多少矛盾。在大学的那段关系中，那位男性朋友与父亲失去了联系，因为他的母亲在丈夫出去打仗的时候移情别恋了。这位男性朋友认为自己的父亲

"没有骨气"。还有一位男性朋友向她反复描述了自己对父亲的厌恶，嫌弃父亲没有男子气概，也没有面对生活的韧性，虽然母亲一次次地卷入婚外情，父亲却因过于懦弱而忍气吞声、不敢过问。海伦后来还想起了很久以前的一个男朋友，她在青少年时期和他深深相爱。在这位男友和他父亲的关系中，暴力和情感虐待是最大的特点。很明显，她在青少年时期花了很多时间听他讲述那些绝望的故事。

当海伦开始向我讲述她年少时与父亲的关系时，我逐渐理解了她现在的行为与过去的行为在心理动力学上的联系。当海伦还是个小孩子的时候，父亲就向她讲述祖父的故事逗她开心。海伦的父亲参加了第一次世界大战，患上了我们现在所说的创伤后应激障碍（PTSD），不过当时被称为"炮弹休克"（shell-shock）。这位父亲无法忘记战争带给他的恐惧，也没有意识到这段经历对他的无意识层面产生的影响，但他以躯体虐待和情感虐待的方式，在家人身上重演了他在战争中受到的攻击。

海伦的父亲把女儿当成宣泄的"垃圾桶"，海伦在理解并接受了我的解释后逐渐意识到，父亲的行为已经破坏了父女之间应有的恰当边界。他和海伦分享了本该和他真正的伴侣——海伦的母亲——分享的东西。就这样，"父女之间的伴侣关系"（海伦这样称呼它）在她还不到5岁的时候就形成了。他们一直维系着这种"伴侣关系"，再加上后来他们一起购物、在同一个单位工作、一起"找乐子"，这种关系变得更加牢固。在海伦结婚后，父亲和女儿还一起承担了许多家务，一起照看孩子，甚至一起养狗。

当海伦逐渐能够把她现在与男性的关系和早期与父亲之间那逾越边界的关系联系起来时，她意识到了自己是在强迫性重复。洞悉这一点后，她对那些婚外关系的兴趣开始动摇。3年后，海伦结束了这些关系。老实说，我确实松了一口气，因为我已经开始对她继续拿婚姻冒险的行为感到恼怒。

父亲希望女儿能一直满足他的情感需求，永远是他虔诚共情的倾听者。

当我从海伦那里了解到这一点时，就完全明白了海伦为何会形成不安全 - 矛盾型依恋模式。在与父亲的相处模式中，她从来没有感受到父亲对她本身的爱，只有在满足了父亲的要求时才能得到爱，这导致她最终形成了一种为了得到爱向父亲提供满足的模式。所以她从来没有享受过拥有"安全基地"的感觉。

## 治疗中期

在海伦下决心将所有婚外情彻底结束 5 个月后，她开始出现"闪回"现象，并梦到与父亲发生性关系。在治疗中，很多有神经症的来访者会在治疗师的帮助下"想起"一些往事，并在无意识中"重复"过往的模式，在经过这个阶段后，他们就会逐渐意识到某个引发神经症的诱因。海伦的经历就是一个很好的例子。她的梦激发了她的思考，让她开始意识到，从 3 岁开始，父亲对待她的一些行为实际上包含了性的成分，而且持续了很多年。弗洛伊德说得好："当来访者谈论那些'被遗忘的'事情时，通常都会加上一句'事实上，我一直都知道，只是我没有多想'。"

这句话用在海伦身上再贴切不过了。"回忆"开始涌现，她其实对自己与父亲的关系一直都很了解，但在此之前，她从来没有觉得这段关系中发生的事情有什么特别的意义。简而言之，她直到现在才意识到（在得到安全的"抱持"之后），父亲的行为实际上已经构成了性虐待。

首先，她想起了父亲与当年还是小女孩的她发生的各种性接触，并意识到了这些接触背后的意义。虽然那时候她还没有足够的语言能力表达或理解正在发生的事情，但那些事情让她一生都带着一种羞耻感，还有一种自己"属于"父亲的感觉。也许更令人震惊的是，两人之间的性接触一直持续到她成年甚至婚后。直到最近，他还偷偷摸摸地进入她的卧室和配套

241

浴室窥视她，当时她正一丝不挂或者只穿着内衣。她还告诉我，就在她成为一名已婚妇女后，她的母亲仍然让她为刚做完睾丸手术的父亲包扎伤口。她听从了母亲的命令，这一事实让我们意识到，她的母亲从父亲和女儿之间那不同寻常的关系中获得了某种兴奋感。

海伦被这些遭遇背后的意义吓了一跳，可以理解这一切会让她感到多么愤怒和厌恶。她现在明白了为何自己对两性关系的态度那么矛盾——她感到兴奋，但也对触摸男性生殖器的想法感到厌恶。这也导致了她对母亲的极度愤怒，一度把自己对被虐经历的所有愤怒都投射到母亲身上。她没办法把这一切归咎于父亲，因为在某种程度上，他仍然是"她深爱的父亲"，可以理解，她不想失去被爱的感觉。这让我们意识到，她只有从父亲那里才能得到爱的温柔，在某种程度上她很享受这种"伴侣关系"，并因此认为自己是"特别的"。她认为（在她刚开始治疗的时候，在记忆浮现之前）自己对父亲而言比他的妻子更重要。然而，正如我温和地向她指出的那样，他每天晚上都会回到母亲的床上。她也逐渐意识到，她的生活状态对大多数人来说并不"正常"。她从来就不是一个自怨自艾的人，但有一段时间，一想到父亲的行为给她成年后的生活带来了多大的痛苦，她就感到极度愤怒。

我想再说说这种性虐待造成的另一个后果。我注意到海伦有时会表现得很自大。这种傲慢在她的日常工作中并不明显，但她常常会忍不住与权威人士产生分歧。她觉得自己可以做到别人做不到的事情，因为她是"特别的"。正如弗洛伊德所说，这些人相信：

> 他们已经付出了太多，也承受了太多，所以他们有权拒绝进一步的要求了。他们将不再服从任何令人讨厌的必要条件，因为他们是"例外"，并且打算保持这种状态。

这向我解释了为什么海伦有时会有一种"全能感"，而这与她大多数时候的行为方式是不一致的。处理这种"全能感"耗费了我们不少时间，因为这对她的生活没有任何好处，经常导致她与人发生冲突。

我曾在另一篇文章中谈到，反复遭受性虐待的经历会让人觉得自己有资格、有能力随心所欲：

> 弗洛伊德认为，那些曾遭到性虐待的人"被胜利摧毁了"，他指的是他们得到了原本不可能得到的东西，也就是说，他们在生殖器期的幻想成真了——成功地战胜同性父母，成为异性父母的性伴侣。

这段充满情绪的治疗延续了很长一段时间，当我们一起处理那些由"闪回"开始的"回忆"时，海伦表现得非常焦虑。她出现了一些躯体症状，包括频繁的心悸、恶心和全身不适。事实上，这些症状在她 22 岁时就出现过一次，那时她刚刚结婚，我们现在已经知道这是焦虑的结果，焦虑是因为她在与父亲存在着性关系的同时又有了另一个合法的性伴侣，即她的丈夫。弗洛伊德说得对，心理冲突会导致神经症性焦虑。正是这些属于广泛性焦虑障碍的症状把她带到了精神科医生的门口，也就是她在治疗性评估时向我提到过的那位医生。刚开始的时候，她很肯定自己的症状是由器质性病变引起的，但大量的医学检测得出的结论是，这些症状实际上是潜在神经症的心身症状。所以，虽然有点匪夷所思，但我们必须承认，当初曾经给海伦做过心理治疗的那位精神科医生实际上是在正确的轨道上。

在海伦"发现"了自己的受虐经历后，对她的治疗变得越发困难了。但正如谚语所说，天无绝人之路。海伦对我产生了强烈的"情欲移情"（erotic transference），并开始游说我放弃治疗关系，转而与她建立私人关系。我引用这个谚语多少有些讽刺意味，这是因为，虽然这个过程对海伦来说极其痛苦，但"情欲移情"的确把海伦的主要问题带到了咨询室的此时此地，让我们有机会快刀斩乱麻地进行处理，彻底终结海伦在过去几年里反反复复将心理冲突诉诸行动的行为。

海伦本人强烈认为，这种移情完全是对我正性、"真实"的感情。我并没有告诉她（也许我应该这么做），这实际上也是一种负性移情，因为它代表了针对我的一种攻击冲动。简而言之，如果我答应了她的要求，就会毁了我的职业生涯。幸运的是，我完全没想过要在反移情中与她同步并与她建立私人关系。随着治疗进展，海伦逐渐意识到她被一种强大的移情控制了，这种移情代表她在"回忆和重复"对父亲的感情。渐渐地，在她的希望不可能实现的情况下，这种"情欲移情"减弱了。在这个过程中，我认为自己的职责就是帮助她走出那些困扰她的感受，向她强调她确实是一个可爱且有魅力的人，同时也要清楚地告诉她，她永远不可能让我答应做她的伴侣。但我必须向海伦保证，我可以继续充当她的"安全基地"，不需要让这段关系和情欲沾边。当父亲在面对有俄狄浦斯情结的女儿时，同样需要传达出这样的信息："你很可爱，我觉得你很棒，你会让某个男人成为你的神仙眷侣，但那个人不是我，永远不会是我。"正是因为海伦在情欲的层面赢得了父亲的心，所以她认为自己是个"例外"。与父亲的关系模式让海伦以为，如果她想从别人那里得到爱，就必须在情欲方面有所付出。但从我这里，她学会了不用为我"服务"就能得到爱，这在某种程度上给海伦上了关键性的一课。当海伦没能成功地与我建立起咨询室以外的关系时，我又给她上了关键性的一课，让她明白她不能得到那些不应该得到的东西，鲍尔比有一篇名为《论知道你不应该知道的，感受到你不应该感受的》（*On knowing what you are not supposed to know and feeling what you are not supposed to feel*）的文章讨论的就是这个问题。这样的教训帮助她结束了傲慢自大的倾向，并帮助她认识到自己并不是一个"例外"。

斯坦纳（Steiner）写了一篇影响深远的论文，描述了那些陷入俄狄浦斯感情的人往往会对这种关系视若无睹的情形。换句话说，他们往往意识不到这种关系背后的意义是什么。在关于俄狄浦斯的传说中，俄狄浦斯和伊俄卡斯忒（既是他的妻子也是他的母亲）故意忽视了他们要结成夫妇必须面临的困难和问题，忽视了神谕在俄狄浦斯年轻时对他的预言。同样，海伦在与已婚男子建立起有情欲意味的友情时，同样睁一只眼闭一只眼，故意无视"任何人不得介入已婚夫妇之间"的训诫。对她与父亲的真实关系，她也睁一只眼闭一只眼。

海伦对我的"情欲移情"持续了近两年，在那段时间里，我有时会在晚上接到她的电话，因为她非常渴望回到过往与父亲在一起的时光，这种渴望让她心如刀割。她认为我可以弥补她的失落。面对这种情况，我认为自己的处理方法是得当的——始终给予她关怀和关爱，同时坚决不鼓励她的移情，不给她任何虚假的希望。这之间的分寸很难拿捏。

在这个阶段，我们的目标是让她体验到科胡特所说的"另我移情"和"镜像移情"。那段时间我们的合作确实亲密无间。那时海伦已经阅读了很多心理治疗方面的文章，这意味着我们真的有了一种并肩同行的感觉，也有助于她清楚地表达出治疗过程中内心的种种微妙变化。我发现自己无意识中也在身体层面上镜映着海伦，因为偶尔我会根据她在椅子上的位置调整自己的坐姿。我们也在心理层面发生镜映，像一对蝴蝶，也像两只青蛙，一起从一个联想飞（跳）向另一个联想，犹如在跳一曲亲密的双人舞。我真的相信，海伦在某些方面把我视为另一个她。

我小心翼翼地恪守着边界，在各方面都保持始终如一，不仅在治疗中守时重诺，甚至在治疗以外的时间也随叫随到，让她感觉我对她倾注了全部身心。不仅如此，我还对她承诺，如果生活中发生了什么事牵扯了我的精力，我一定会坦诚告诉她我遇到了困难，虽然不会对她吐露太多真实的细节。知道我一切正常对海伦来说是一件很重要的事，因为我的任何一个细微的变化都逃不过她的火眼金睛，不管是情绪的变化，还是轻微的感冒或嗓子疼，或者是牙齿脓肿（曾经有一次）。关键是我要对她说实话，她之所以炼成了一双"火眼金睛"，就是因为她从前总是"密切监控"她的父亲，她必须仔细观察他的一举一动，尤其是当她没有顺从他的时候，她要从一些蛛丝马迹判断他是否感到难过或生气了。就这样，她培养出了一种非常敏锐的能力，能够通过察言观色分辨出一个人身上最细微的差别。我曾经颇具讽刺意味地解释说，海伦一直在我的盔甲上寻找漏洞，试图去触碰我的伤口。我一定要让她明白这是不可能实现的，为什么呢？打个比喻就是，如果我这样做了，就相当于允许她进入我婚姻的"卧室"。

在长达 12 年的治疗中，直到最后两年我才觉得海伦不再试图取悦我了——她终于能够面对真实的自己，不再呈现出那个"虚假自体"了，这个"虚假自体"总是强迫性地坚持一切正常。她终于可以自由地成为真实的自己，接纳自己的一切，这是一个非常治愈的体验。我认为这是因为海伦终于体验到了拥有"安全基地"的奢侈感受，这种感受是在她一步步找到可以真正依靠的"安全基地"，并真正理解其意义的过程中一点点建立起来的。通过自己的亲身体会，海伦明白了什么是"安全基地"——是当风暴来临时可以驶入的港湾，而只要一艘船能找到可供停泊的安全港湾，它就永无沉没之虞。这种认知让海伦对生活感到了持久的平静和满足。我认为她的依恋模式已经从不安全-矛盾型变成了安全型，而之所以有这样的结果，是因为我在治疗中一直致力于让她获得"习得安全感"。

我承认，这个时候如果她在生活中面临巨大的压力，而我又不在场，她可能又会暂时退行到一种不安全的依恋模式。在精神分析或心理治疗中，几乎没有完全的"治愈"。一个成熟的治疗师会承认这一点。但这并不表示心理治疗不值得做，海伦就是一个很好的例子，现在她有了更满意的生活，包括更幸福的婚姻关系，也摆脱了从治疗伊始就折磨她的那些充满冲突的欲望。

如果治疗师不再是"安全基地"的化身了，会发生什么呢？在治疗的最后两年，海伦已经能够将她对"安全基地"的了解应用到现实生活中，这样她就可以让丈夫成为新的"安全基地"。这是他一直自告奋勇想担任的角色，只不过她没有接受。还有一种情况是，当一个人体验过伴随着"安全基地"而来的快乐和无忧无虑之后，他就会逐渐将这个"安全基地"内化为自己的一部分，这样他就可以在今后的生活中随时召唤"治疗师"并与之进行无声的交流。

在治疗彻底结束前，我们用了整整一年的时间为告别做准备。所以，当我们停止见面的时候，海伦已经准备好在我长达 12 年支持结束的情况下面对这个世界了。她将自己的治疗过程描述为一次真正的蜕变之旅，并说了一些尼克也说过的话："你拯救了我的人生。"但海伦补充说，她坚信我也挽救了她的婚姻。能够与海伦（及尼克、艾玛和简）一起工作，为他们重获心理健康做出一部分贡献，我感到非常荣幸。

# 第五部分

## 安全基地

17 ATTACHMENT
THEORY
Working Towards
Learned Security

第 17 章
成为 "安全基地"

之所以想写这样一本书，是因为我认为自己发现了一种与来访者互动的最佳方式，并希望将其分享给那些和我一样热爱这个职业的人。作为治疗师，我们都希望来访者在离开治疗时可以终结不良的关系模式，不再受病态症状的折磨。还是新手治疗师时，我们会踌躇满志地讨论如何 "治愈" 来访者，而当成为成熟的治疗师时，我们已经认识到，也许在绝大多数案例中，我们所能期待的最好结果就是在和来访者的共同努力下减少他们的心理异常，让他们的生活不再被这些异常控制。但是，以往异常的生活方式很可能会给他们留下一些痕迹，尤其是在他们面临巨大压力或身体疾病的时候。

在 27 年的执业生涯中，我一直在思考治疗师应该在咨询室里怎么做，才能让大多数来访者获得最佳疗效。与此同时我还学习了多种理论。正如我在前面的章节中所言，在刚踏入咨询领域时我是一名折中派咨询师。在 "Relate" 工作的时候，每位咨询师都带着一个装满不同技术的 "工具箱"，在面对不同来访者时，从"工具箱"中选择自己认为对解决当前问题最有效的干预方式。尽管当时接受的折中训练很少会对某一种理论做出特别强调，但即使是在这个一知半解的阶段，我就已经直觉地认识到，心理动力学的理论似乎是最有效的。

我的兴趣大概一直在于研究治疗实践背后的理论，也许这是因为我读的第一个学位是政治理论。虽然治疗师在现实中并不属于政治领域，但我总觉得政治领域是一个有趣且富有挑战性的世界。成为一名治疗师后，我不再积极参与民主政治，也不再创建压力团体[1]，但我一直痴迷于理论分析及对不同理论的整合和综合，这是从当初做政治学术研究和政治活动实践中保留下来的。所以，我会不由自主地比较不同理论的异同，并对这些理论进行深入的分析。简而言之，在过去30年里，心理学理论吸引了我的全部兴趣与热情，政治理论则被我抛在了脑后。

在攻读硕士期间，我沉迷于研究不同理论取向的元理论假设。在毕业论文中，我提出的核心假设是，如果治疗师所选择理论取向的元理论假设与其世界观大相径庭，那么在工作一段时间后，她就会陷入职业衰竭或者选择离开这个行业。在研究中我使用的是定性分析（叙事研究）的方法，我的发现有力地支持了这一假设。在基尔大学（Keele University）求学期间，我还对关于整合疗法的辩论产生了兴趣，开始在一些期刊上发表文章，并在有关整合疗法和折中疗法的教科书中负责编撰了一些章节。

在完成硕士学位后，我被精神分析框架深深地吸引了，于是决定接受一项被公认为极其艰苦的精神分析训练。自取得资格后，我一直在工作中不断探索，治疗师应该在咨询室里怎么做，才能帮助来访者得到最满意的结果。我认为只采用心理动力学理论是不够的，还必须结合来自其他理论

---

[1] 压力团队，即向政府和公众施加影响的团体。——编者注

取向的概念。

首先要说的是，在我 20 多岁的时候，接受过一些非常好的认知行为治疗，这对我产生了很大的影响。我会永远感激那位对我进行认知行为治疗的心理学家，是他让我重建人生，在这个世界上正常地工作、生活。但当初的问题并没有彻底清除，残余的影响依旧困扰着我，直到 20 年后开始接受精神分析治疗时，我才逐渐发现那些问题的根源。只有在找到问题的根源并在一位优秀的精神分析治疗师的全力帮助下，我才彻底战胜了那些有问题的心理倾向。有了这样的亲身经历，结合许多经我治疗的来访者在叙述中提供的其他证据，我逐渐坚信，只有运用精神分析的方法才有望根除人们的心理问题。认知行为技术不过是在短期内有效帮助我们重新站起来的"膏药"，并不能解决根本问题。认知行为疗法是英国国民医疗服务体系的首选疗法，因为它既快捷又便宜，而且其支持者一直在孜孜不倦地——而且是非常明智地——进行各种研究以证明其有效性。

综上所述，我坚信只有通过精神分析的干预，我们才能最好地帮助来访者。但什么样的干预措施才能最成功地让来访者改变他们在接受治疗之前的生活方式呢？自取得精神分析治疗师资格以来，我就被这一难题深深地迷住了。

在多年的摸索实践中，我逐渐得出了一个与主流看法一致的结论：最有效的干预措施就是在来访者与治疗师之间建立良好的治疗关系，同时重视精神分析解释的应用。"治疗关系是决定性因素"这一观点和"渡渡鸟论断"（the dodo argument）一样——所有心理疗法，不论其具体组成部分是什么，其治疗结果差异不大。但我不同意这种看法。我相信只有在精神分析疗法中，治疗关系才会成为绝对的主宰。我一直被鲍尔比的依恋理论吸引，在多年的治疗中一直以它为理论基础。但实践经验告诉我，在工作中我需要一种比鲍尔比理论更精巧、复杂的方法。事实上，尽管鲍尔比作为一名理论家处于关系取向精神分析的前沿，但他并没有成为一名临床医生的经验或兴趣。另一方面，我首先是一个痴迷于理论的临床工作者，我需要用理论来指导治疗实践，使之更见成效。此外，我还认为，如果一种实践方法有明确的理论指导，它就会比那些以日常惯例和未经检验的假设为基础的实践方法更有效，或许也更可靠，也比那些表面上颇具哲理的方法更具战术性和战略性。

在过去的 17 年里，我逐渐摸索出一种似乎能让来访者获得最大收益的工作方法。老实说，这些来访者都是有意愿在我这里接受长程治疗的人，所以，不得不说，我的来访者样本是有偏差的，本书提出的方法也只适用于这一类来访者。在做治疗师的这些年里，我大量涉猎了不同理论家（从唐纳德·温尼科特到布莱恩·索恩）的著作，最终从实践中得出结论，我的大多数来访者都存在某种形式的发展缺陷。之所以出现这种情况，有可能是因为他们在儿童或青少年时期失去了外部世界某一个具体的客体，也有可能是因为内心世界遭受了一种抽象的丧失。这样的丧失可能导致他们缺乏温尼科特所说的"母性调谐"。很多时候来访者并不是真的失去了母亲，更多的情况是母亲对孩子的照顾缺少稳定性和可靠性，而这对孩子而言至关重要。所以，在本书的第二部分，我重点讨论了导致个体形成不安全 - 矛盾型或不安全 - 回避型依恋模式的几种情况，它们都与个体在童年时期遭受的丧失有关。

所以，本书的主要目标是向大家描述一种在长程治疗中与来访者合作以达到最佳效果的方法。虽然许多治疗师声称要充当来访者的"安全基地"，但我坚信大多数人并不会坚持原则，这个原则就是在治疗中要时刻记住自己的任务，即想方设法让来访者体验到什么是"安全基地"。

"习得安全感"理论要求治疗师与来访者"签订"一份契约，这份契约要求治疗师做出前所未有的忘我付出。我说过，它需要治疗师具有一定的使命感。治疗师要在整个治疗过程中把全部心思都集中在来访者身上，即使在工作时间之外，也要时刻准备好为来访者提供服务。我坚决认为，如果治疗师选择答应做来访者的"安全基地"，就对来访者有了道义上的责任。身为治疗师，你已经明确地签订了一份契约，因为当你很清楚依恋理论是怎么回事，你完全了解当来访者有依恋神经症时，他会在一段时间内有多么依赖你。

在第 4 章和第 12 章中，我已经尝试向大家讲述清楚，如果你希望采用本书描述的治疗方法，具体应该怎么做。在我看来，这种方法是鲍尔比依恋理论合乎逻辑的发展。虽然我努力搜索过，但一直没有找到其他描述这一理论与实践方法的文章。我强调了"主体间共情"的必要性——治疗师必须一直有意识地以达到"共情性调谐"为目标。"共情性调谐"早有人提出，并非新概念，但我想提倡的是一种稍有不同的共情方法，它要求治疗师积极主动地与来访者沟通互动，不断确认自己的理解是否正确。因此，"共情性调谐"是治疗师和来访者"共建"和"合作"的产物。在治疗师与来访者的关系中，"破裂"是一种必然发生的现象，在此我再次强调，需要采用"共建"和"合作"来弥补这些裂痕。当我强调治疗师需要不断应用"内省 - 共情"的询问模式时，我采用了科胡特的语言。治疗师需要真正"神入"来访者的内在世界。除了使用"主体间共情"，我还认为治疗师在与来访者的关系中应该始终保持"真诚"并表现出"无条件积极关注"。要让来访者获得一种"习得安全感"，这种状态实在太重要了。

来访者要从精神分析式心理治疗中获得"自传能力"，这是关键所在。治疗师的一项重要任务就是帮助来访者对他迄今为止的生活经历建立一个完整连贯的叙事，这样他就不会遗漏任何重要的事件，他的人生故事也不会淹没在那些未经处理的情感里。

上面提到的大部分内部都是治疗师为建立良好治疗同盟所做的努力，

因为治疗同盟本身就具有巨大的治愈力。不过治疗师和来访者之间的移情同样重要。借用科胡特对移情的分类，治疗师必须帮助来访者在不同的时间完成三种移情——"镜像移情""另我移情"和"理想化移情"。通常是在治疗关系刚开始的某个时候，来访者眼中的治疗师就是理想的化身。过了一段时间后，来访者可能会把治疗师想象成一个"另我"——一个和他一样的人，一个灵魂伴侣。在另外的时候，他希望像照镜子一样，在治疗师的眼里看到自己的样子，就像科胡特描述的那样，婴儿看到母亲眼里的"光芒"充满爱意。治疗师一定要记住，那些最终走到我们门口的来访者通常不够幸运，他们在童年时期并没有经历过这个过程。

治疗师与来访者之间的真实感情固然重要，但我确实觉得，来访者那些最宝贵、最关键的变化是在移情过程中发生的。要发生这些变化，治疗师必须拥有真正慷慨无私的精神，这是必要条件。唯有如此，她才能够持续地"容纳"和"抱持"来访者。秉持"容纳"和"抱持"的态度，治疗师就能够在咨询室中营造出一种友好互动的氛围。

鲍尔比为这种工作风格指出了方向，我依然认为，"习得安全感"理论是对依恋理论的发展。约翰·鲍尔比是个巨人，他发现了一种全新的治疗方法。看到他被精神分析学界，尤其是伦敦的精神分析学界嘲笑了那么长时间，真是太让人遗憾了。不过我们也可以看到，那些引发巨大变化的人一开始总是会遇到重重阻力，在长达几十年的时间里受到抵制的情形并不罕见。正如我在前文中所说，当我在20世纪90年代取得治疗师资格时，这种抵制仍然很明显。在精神分析中，仍然存在一种带有惩罚性的制度，来访者被视为"受害者"，或者几乎被视为"敌人"，治疗师必须与他们进行斗争，以这种方式迫使他们发生改变并掌控自己的命运。

幸运的是，最近神经生物学的发展为我们提供了无可辩驳的证据，证明婴儿接受关爱和刺激的程度对大脑的实际生长有很大的影响。在此向格哈特致敬，她在书中以通俗易懂的形式向我们展示了这一证据。她的书给了我很大的帮助，无论是在治疗实践还是写作本书的过程中，我都从中吸取了许多有用的东西。

我在本书中详细探讨了"习得安全感"的理论基础，希望它已经吸引了大家的兴趣并能保持这种吸引力。我还详细描述了一种可用在咨询室中的治疗关系，也希望它能对大家有所帮助。我还希望这本书能在依恋理论流派中引发争议，让作为治疗师的你对其中提到的一些治疗原则产生试一试的冲动。我最大的希望是，这本书能促进依恋理论的发展，并为约翰·鲍尔比在精神分析领域留下的重要遗产添砖加瓦。